动物及动物产品的检疫技术

主　编　孟和那仁

副主编　徐海生　邓晓玲

远方出版社

图书在版编目 (CIP) 数据

动物及动物产品的检疫技术 / 孟和那仁主编 ；徐海生，邓晓玲副主编 . -- 呼和浩特：远方出版社，2024.4

ISBN 978-7-5555-1974-4

Ⅰ . ①动… Ⅱ . ①孟… ②徐… ③邓… Ⅲ . ①动物—检疫 Ⅳ . ① S851.34

中国国家版本馆 CIP 数据核字 (2023) 第 237923 号

动物及动物产品的检疫技术

DONGWU JI DONGWU CHANPIN DE JIANYI JISHU

主　　编	孟和那仁
副 主 编	徐海生 邓晓玲
责任编辑	奥丽雅
封面设计	李鸣真
版式设计	韩　芳
出版发行	远方出版社
社　　址	呼和浩特市乌兰察布东路 666 号　邮编 010010
电　　话	（0471）2236473 总编室　2236460 发行部
经　　销	新华书店
印　　刷	内蒙古达尔恒教育出版发展有限责任公司
开　　本	880 毫米 ×1230 毫米　1/32
字　　数	147 千
印　　张	5.5
版　　次	2024 年 4 月第 1 版
印　　次	2024 年 4 月第 1 次印刷
标准书号	ISBN 978-7-5555-1974-4
定　　价	48.00 元

如发现印装质量问题，请与出版社联系调换

前　言

动物检疫检验工作对预防、控制和扑灭动物疫病，防控人畜共患传染病，保障动物及动物产品安全，保护人体健康，维护公共卫生安全具有重大意义。我国十分重视动物检疫检验工作，近几年，出台和修订了多个有关动物检疫检验的法律、法规和规范。2021年1月22日，第二次修订了《中华人民共和国动物防疫法》。2021年5月19日，修订了《生猪屠宰管理条例》。2022年4月22日，农业农村部通过《病死畜禽和病害畜禽产品无害化处理管理办法》。2022年8月22日，农业农村部通过了《动物检疫管理办法》和《动物防疫条件审查办法》。2023年4月1日，农业农村部修订了《生猪产地检疫规程》等检疫规程，制定了《马属动物屠宰检疫规程》《鹿屠宰检疫规程》《动物和动物产品补检规程》等。新的法律、法规和规范的出台、修订，赋予了动物检疫检验工作新的职责和要求。

编写本书旨在为工作在一线的官方兽医和兽医卫生检验人员提供参考。由于编者水平有限，书中难免有疏漏和错误，恳请读者们批评指正。

孟和那仁

2023年9月5日

目　录

第一章　动物检疫概述

一、动物检疫的由来

检疫（quarantine）源自意大利语quarantina（40天）。14世纪，意大利威尼斯共和国为防止当时欧洲流行的鼠疫、霍乱和疟疾等危险性疾病的传入，令抵达口岸的外国船只在船上隔离滞留40天，经口岸当局观察和检查，如未发现疾病才允许其离船登陆。理由是，如果患有某种传染病，一般认为在40天之内可通过潜伏期表现出来。随着科学技术的不断发展，不少国家陆续采用了这一规定，将用于兽医预防动物危险性传染病传播的称为"动物检疫（animal quarantine）"，"40天"也就逐渐成了"检疫"的代名词。17世纪末，欧洲各主要港口均设立了检疫机构，检疫对象也由人扩大到动物和植物。1851年，在巴黎召开的首届国际卫生会议对检疫程序标准化作了初步讨论。20世纪以来，兽医学、医药和公共卫生学等有关学科日益发展，交通和贸易日趋发达，动物检疫的内容和方法日臻完善。1965年5月13日，第36届国际兽医会议审议通过了《国际动物卫生法》，现已成为各国执行动物检疫共同遵守的原则。

二、动物检疫的概念

动物检疫指为了预防和扑灭动物疫病，促进养殖业发展，保护人体健康，由法定机构、法定人员依照法定检疫标准、方法和对象，对动物、动物产品进行检查、定性和处理的一项强制性的技术行政措施，是一种行政许可。动物检疫实行申报制度。

三、动物检疫的法定机构和人员

动物检疫法定的机构是县级以上地方人民政府的动物卫生监督机构，法定的人员是各级动物卫生监督机构的官方兽医。县级以上地方人民政府的动物卫生监督机构负责本行政区域内动物检疫工作，动物卫生监督机构的官方兽医依照《中华人民共和国动物防疫法》《动物检疫管理办法》以及各种检疫规程等规定实施检疫，出具动物检疫证明，加施检疫标志，并对检疫结论负责。国家实行官方兽医任命制度。官方兽医应当具备国务院农业农村主管部门规定的条件，由省、自治区、直辖市人民政府农业农村主管部门按照程序确认，由所在地县级以上人民政府农业农村主管部门任命，具体办法由国务院农业农村主管部门制定。

四、动物检疫的法定标准

动物检疫的法定标准指国家法律、国务院条例和农业农村部规定的各种检疫规程等。包括2021年修订的《中华人民共和国动物防疫法》、2021年修订的《生猪屠宰管理条例》、2022年修订的《动物检疫管理办法》、2022年修订的《病死畜禽和病害畜禽产品无害化处理管理办法》、2023年修订的《生猪产地检疫规程》等检疫规程和2023年制定的《马属动物屠宰检疫规程》《鹿屠宰检疫规程》《动物和动物产品补检规程》等。

五、动物检疫的方法

动物检疫的方法有以下5种：

（一）流行病学调查

通过对动物流行病学的调查研究，了解动物疫病的流行规律、现状、历史、分布或者流行动态，为动物疫病的准确诊断提供重要资料。比如，来源、品种、数量、当地疫情及防疫措施、运输途中饲养管理、发病、死亡数及病畜表现等。

（二）临床诊断法

临床诊断法是动物检疫的基本方法，利用人的感觉器官并借助一些简单器械直接对动物的外貌、动态、排泄物、体温、脉搏、呼吸等进行检查。通过群体检查和个体检查，对某些具有特殊临床症状的典型疫病一般可以作出诊断，但对非典型或症状不明显的疫病，往往要结合其他方法才能确诊。

（三）病理学诊断法

病理学诊断包括病理解剖学检查和病理组织学检查。

1. 病理解剖学检查：检疫人员应先观察尸体外表、营养状况、皮毛、可视黏膜及天然孔情况。进行解剖时，应在严格消毒和隔离的情况下进行，防止病原扩散。应严禁解剖怀疑患有炭疽、恶性水肿等烈性传染病的动物尸体应严禁解剖。对病变组织器官进行检查时，主要观察其大小、形状、色泽、质地等。必要时切开检查，根据全面检查的结果，作出初步诊断。

2. 病理组织学检查：采取病料组织制作各种染色切片，观察组织病理变化，作出病理学诊断。

（四）病原学诊断法

病原学诊断法是诊断动物疫病的一种可靠的诊断方法。在拟定检验方案和分析检验结果时，必须结合流行病学、临床症状和病理变化等加以全面分析。寄生虫病的病原检查通常采用寄生虫虫卵、幼虫检查法和寄生虫虫体检查法。寄生虫虫卵形态检查，常采取粪便进行洗涤、沉淀、制片、镜检等方法。对于不易根据虫卵形态确诊的寄生虫病，可用幼虫分离、培养法检查。寄生虫虫体检查多采用肉眼观察、放大镜下观察、显微镜检查等方法确诊。

（五）免疫学诊断法

免疫学诊断法是利用抗原和抗体特异性结合的方法，包括血清学诊断和变态反应。

六、动物检疫的法定检疫对象

动物检疫的法定检验对象是动物疫病和动物产品。动物疫病指的是动物传染病和寄生虫病。动物产品是动物的肉、生皮、原毛、绒、脏器、脂、血液、精液、卵、胚胎、骨、蹄、头、角、筋以及可能传播动物疫病的奶、蛋等。

《中华人民共和国动物防疫法》将动物疫病分为一、二、三类动物疫病：

一类疫病，是指口蹄疫、非洲猪瘟、高致病性禽流感等对人、动物构成特别严重危害，可能造成重大经济损失和社会影响，需要采取紧急、严厉的强制预防、控制等措施的；

二类疫病，是指狂犬病、布鲁氏菌病、草鱼出血病等对人、动物构成严重危害，可能造成较大经济损失和社会影响，需要采取严格预防、控制等措施的；

三类疫病，是指大肠杆菌病、禽结核病、鳖腮腺炎病等常见多发，对人、动物构成危害，可能造成一定程度的经济损失和社会影响，需要及时预防、控制的。

2022年6月23日农业农村部发布第573号公告，对原《一、二、三类动物疫病病种名录》进行了修订，现在的一、二、三类动物疫病病种名录是：

一类动物疫病（11种）。

口蹄疫、猪水疱病、非洲猪瘟、尼帕病毒性脑炎、非洲马瘟、牛海绵状脑病、牛瘟、牛传染性胸膜肺炎、痒病、小反刍兽疫、高致病性禽流感。

二类动物疫病（37种）。

多种动物共患病（7种）：狂犬病、布鲁氏菌病、炭疽、蓝舌病、日本脑炎、棘球蚴病、日本血吸虫病。

牛病（3种）：牛结节性皮肤病、牛传染性鼻气管炎（传染性脓疱外阴阴道炎）、牛结核病。

绵羊和山羊病（2种）：绵羊痘和山羊痘、山羊传染性胸膜肺炎。

马病（2种）：马传染性贫血、马鼻疽。

猪病（3种）：猪瘟、猪繁殖与呼吸综合征、猪流行性腹泻。

禽病（3种）：新城疫、鸭瘟、小鹅瘟。

兔病（1种）：兔出血症。

蜜蜂病（2种）：美洲蜜蜂幼虫腐臭病、欧洲蜜蜂幼虫腐臭病。

鱼类病（11种）：鲤春病毒血症、草鱼出血病、传染性脾肾坏死病、锦鲤疱疹病毒病、刺激隐核虫病、淡水鱼细菌性败血症、病毒性神经坏死病、传染性造血器官坏死病、流行性溃疡综合征、鲫造血器官坏死病、鲤浮肿病。

甲壳类病（3种）：白斑综合征、十足目虹彩病毒病、虾肝肠胞虫病。

三类动物疫病（126种）。

多种动物共患病（25种）：伪狂犬病、轮状病毒感染、产气荚膜梭菌病、大肠杆菌病、巴氏杆菌病、沙门氏菌病、李氏杆菌病、链球菌病、溶血性曼氏杆菌病、副结核病、类鼻疽、支原体病、衣原体病、附红细胞体病、Q热、钩端螺旋体病、东毕吸虫病、华支睾吸虫病、囊尾蚴病、片形吸虫病、旋毛虫病、血矛线虫病、弓形虫病、伊氏锥虫病、隐孢子虫病。

牛病（10种）：牛病毒性腹泻、牛恶性卡他热、地方流行性牛白血病、牛流行热、牛冠状病毒感染、牛赤羽病、牛生殖道弯曲杆菌病、毛滴虫病、牛梨形虫病、牛无浆体病。

绵羊和山羊病（7种）：山羊关节炎/脑炎、梅迪–维斯纳病、绵羊肺腺瘤病、羊传染性脓疱皮炎、干酪性淋巴结炎、羊梨形虫病、羊无浆体病。

马病（8种）：马流行性淋巴管炎、马流感、马腺疫、马鼻肺炎、马病毒性动脉炎、马传染性子宫炎、马媾疫、马梨形虫病。

猪病（13种）：猪细小病毒感染、猪丹毒、猪传染性胸膜肺炎、猪波氏菌病、猪圆环病毒病、格拉瑟病、猪传染性胃肠炎、猪流感、猪丁型冠状病毒感染、猪塞内卡病毒感染、仔猪红痢、猪痢疾、猪增生性肠病。

禽病（21种）：禽传染性喉气管炎、禽传染性支气管炎、禽白血病、传染性法氏囊病、马立克病、禽痘、鸭病毒性肝炎、鸭浆膜炎、鸡球虫病、低致病性禽流感、禽网状内皮组织增殖病、鸡病毒性关节炎、禽传染性脑脊髓炎、鸡传染性鼻炎、禽坦布苏病毒感染、禽腺病毒感染、鸡传染性贫血、禽偏肺病毒感染、鸡红螨病、鸡坏死性肠炎、鸭呼肠孤病毒感染。

兔病（2种）：兔波氏菌病、兔球虫病。

蚕、蜂病（8种）：蚕多角体病、蚕白僵病、蚕微粒子病、蜂螨病、瓦螨病、亮热厉螨病、蜜蜂孢子虫病、白垩病。

犬猫等动物病（10种）：水貂阿留申病、水貂病毒性肠炎、犬瘟热、犬细小病毒病、犬传染性肝炎、猫泛白细胞减少症、猫嵌杯病毒感染、猫传染性腹膜炎、犬巴贝斯虫病、利什曼原虫病。

鱼类病（11种）：真鲷虹彩病毒病、传染性胰脏坏死病、牙鲆弹状病毒病、鱼爱德华氏菌病、链球菌病、细菌性肾病、杀鲑气单胞菌病、小瓜虫病、粘孢子虫病、三代虫病、指环虫病。

甲壳类病（5种）：黄头病、桃拉综合征、传染性皮下和造血组织坏死病、急性肝胰腺坏死病、河蟹螺原体病。

贝类病（3种）：鲍疱疹病毒病、奥尔森派琴虫病、牡蛎疱疹病毒病。

两栖与爬行类病（3种）：两栖类蛙虹彩病毒病、鳖腮腺炎病、蛙脑膜炎败血症。

七、一、二、三类动物疫病的控制措施

（一）发生一类动物疫病时，应当采取下列控制措施：

1. 所在地县级以上地方人民政府农业农村主管部门应当立即派人到现场，划定疫点、疫区、受威胁区，调查疫源，及时报请本级人民政府对疫区实行封锁。疫区范围涉及两个以上行政区域的，由有关行政区域共同的上一级人民政府对疫区实行封锁，或者由各有关行政区域的上一级人民政府共同对疫区实行封锁。必要时，上级人民政府可以责成下级人民政府对疫区实行封锁。

2. 县级以上地方人民政府应当立即组织有关部门和单位采取封锁、隔离、扑杀、销毁、消毒、无害化处理、紧急免疫接种等强制性措施。

3. 在封锁期间，禁止染疫、疑似染疫和易感染的动物、动物产品流出疫区，禁止非疫区的易感染动物进入疫区，并根据需要对出入疫区的人员、运输工具及有关物品采取消毒和其他限制性措施。

（二）发生二类动物疫病时，应当采取下列控制措施：

1. 所在地县级以上地方人民政府农业农村主管部门应当划定疫

点、疫区、受威胁区；

2．县级以上地方人民政府根据需要组织有关部门和单位采取隔离、扑杀、销毁、消毒、无害化处理、紧急免疫接种、限制易感染的动物和动物产品及有关物品出入等措施。

（三）疫点、疫区、受威胁区的撤销和疫区封锁的解除，按照国务院农业农村主管部门规定的标准和程序评估后，由原决定机关决定并宣布。

（四）发生三类动物疫病时，所在地县级、乡级人民政府应当按照国务院农业农村主管部门的规定组织防治。

（五）二、三类动物疫病呈暴发性流行时，按照一类动物疫病处理。

八、动物检疫的分类

我国动物检疫在总体上分进出境动物检疫和国内动物检疫两大类。进出境动物的检疫适用《中华人民共和国进出境动植物检疫法》。国内动物检疫在2002年《动物检疫管理办法》颁布之前，包括产地检疫、运输检疫、屠宰检疫和市场检疫。随着我国动物防疫法律、法规的不断完善，动物卫生监督执法、技术体系的发展，“定点屠宰、到点检疫”的普及，公路“三乱”的取消以及公路动物防疫监督检查站的完善，运输检疫和市场检疫被逐步纳入日常监管的范畴。动物检疫现在分产地检疫和屠宰检疫两种。

第二章　产地检疫

一、产地检疫的概念

产地检疫指动物及动物产品在离开饲养、生产地之前由动物卫生监督机构派官方兽医所进行的到现场或指定地点实施的检疫。

二、产地检疫的作用

1．可以防止染疫的动物及其产品进入流通环节。

2．通过执法手段，切断运输、屠宰、加工、储藏和交易等环节的动物疫病蔓延。

3．防止人畜共患疫病在人间流行。

4．将动物疫病的发生最大程度地局限化。

5．及时发现危害公共卫生安全的迹象并采取强有力的措施将其消除。

三、产地检疫合格的标准

（一）出售或者运输的动物，经检疫符合下列条件的，出具动物检疫证明：

1．来自非封锁区及未发生相关动物疫情的饲养场（户）；

2．实行风险分级管理的，来自符合风险分级管理有关规定的饲养场（户）；

3. 申报材料符合检疫规程规定；

4. 畜禽标识符合规定；

5. 按照规定进行了强制免疫，并在有效保护期内；

6. 临床检查健康；

7. 需要进行实验室疫病检测的，检测结果合格。

出售、运输的种用动物精液、卵、胚胎、种蛋，经检疫其种用动物饲养场符合第一项规定，申报材料符合第三项规定，供体动物符合第四项、第五项、第六项、第七项规定的，出具动物检疫证明。

出售、运输的生皮、原毛、绒、血液、角等产品，经检疫其饲养场（户）符合第一项规定，申报材料符合第三项规定，供体动物符合第四项、第五项、第六项、第七项规定，且按规定消毒合格的，出具动物检疫证明。

（二）出售或者运输水生动物的亲本、稚体、幼体、受精卵、发眼卵及其他遗传育种材料等水产苗种的，经检疫符合下列条件的，出具动物检疫证明：

1. 来自未发生相关水生动物疫情的苗种生产场；

2. 申报材料符合检疫规程规定；

3. 临床检查健康；

4. 需要进行实验室疫病检测的，检测结果合格。

四、产地检疫的对象

（一）生猪

口蹄疫、非洲猪瘟、猪瘟、猪繁殖与呼吸综合征、炭疽、猪丹毒。

（二）牛

口蹄疫、布鲁氏菌病、炭疽、牛结核病、牛结节性皮肤病。

（三）羊

口蹄疫、小反刍兽疫、布鲁氏菌病、炭疽、蓝舌病、绵羊痘和山羊痘、山羊传染性胸膜肺炎。

（四）鹿、骆驼、羊驼

口蹄疫、布鲁氏菌病、炭疽、牛结核病。

（五）家禽

1. 鸡、鸽、鹌鹑、火鸡、珍珠鸡、雉鸡、鹧鸪、鸵鸟、鸸鹋：高致病性禽流感、新城疫、马立克病、禽痘、鸡球虫病。

2. 鸭、鹅、番鸭、绿头鸭：高致病性禽流感、新城疫、鸭瘟、小鹅瘟、禽痘。

（六）马属动物

马传染性贫血、马鼻疽、马流感、马腺疫、马鼻肺炎。

（七）人工饲养的犬

狂犬病、布鲁氏菌病、犬瘟热、犬细小病毒病、犬传染性肝炎。

（八）人工饲养的猫

狂犬病、猫泛白细胞减少症。

（九）兔

兔出血症、兔球虫病。

（十）水貂、银狐、北极狐、貉

狂犬病、炭疽、伪狂犬病、犬瘟热、水貂病毒性肠炎、犬传染性肝炎、水貂阿留申病。

（十一）蜜蜂

美洲蜜蜂幼虫腐臭病、欧洲蜜蜂幼虫腐臭病、蜜蜂孢子虫病、白垩病、瓦螨病、亮热厉螨病。

（十二）乳用、种用家畜

1. 猪：口蹄疫、非洲猪瘟、猪瘟、猪繁殖与呼吸综合征、炭疽、伪狂犬病、猪细小病毒感染、猪丹毒。

2．牛：口蹄疫、布鲁氏菌病、炭疽、牛结核病、牛结节性皮肤病、地方流行性牛白血病、牛传染性鼻气管炎（传染性脓疱外阴阴道炎）。

3．羊：口蹄疫、小反刍兽疫、布鲁氏菌病、炭疽、蓝舌病、绵羊痘和山羊痘、山羊传染性胸膜肺炎。

4．鹿、骆驼、羊驼：口蹄疫、布鲁氏菌病、炭疽、牛结核病。

5．马（驴）：马传染性贫血、马鼻疽、马流感、马腺疫、马鼻肺炎。

6．兔：兔出血症、兔球虫病。

（十三）种禽

高致病性禽流感、新城疫、鸭瘟、小鹅瘟、禽白血病、马立克病、禽痘、禽网状内皮组织增殖病。

（十四）鱼类

1．淡水鱼：鲤春病毒血症、草鱼出血病、传染性脾肾坏死病、锦鲤疱疹病毒病、传染性造血器官坏死病、鲫造血器官坏死病、鲤浮肿病、小瓜虫病。

2．海水鱼：刺激隐核虫病、病毒性神经坏死病。

（十五）甲壳类

白斑综合征、十足目虹彩病毒病、虾肝肠胞虫病、急性肝胰腺坏死病、传染性肌坏死病。

（十六）贝类

鲍疱疹病毒病、牡蛎疱疹病毒病。

（十七）动物产品

动物的生皮、原毛、绒、血液、角、精液、胚胎、种蛋等。

五、产地检疫的程序

（一）申报检疫

1．生猪、反刍动物、家禽、马属动物、犬、猫、兔等动物

货主应当提前3天向所在地动物卫生监督机构申报检疫，并提供以下材料：

（1）检疫申报单。

（2）需要实施检疫动物的强制免疫证明，饲养场提供养殖档案中的强制免疫记录，饲养户提供防疫档案。人工饲养的犬提供狂犬病免疫证明以及免疫有效保护期内出具的免疫抗体检测报告。

（3）需要进行实验室疫病检测的，提供申报前7日内出具的实验室疫病检测报告。

（4）已经取得产地检疫证明的动物，从专门经营动物的集贸市场继续出售或运输的，或者展示、演出、比赛后需要继续运输的，提供检疫申报单、原始检疫证明和完整进出场记录。原始检疫证明超过调运有效期的，生猪应当提供非洲猪瘟的实验室疫病检测报告。反刍动物实施布鲁氏菌病免疫的，应当提供布鲁氏菌病免疫记录；未实施布鲁氏菌病免疫的，提供布鲁氏菌病实验室疫病检测报告。马属动物应当提供马传染性贫血、马鼻疽实验室疫病检测报告。兔应当提供兔出血症实验室疫病检测报告。

2．跨省调运乳用种用家畜和种禽

货主应当提前3天向所在地动物卫生监督机构申报检疫，并提供以下材料：

（1）检疫申报单。

（2）需要实施检疫家畜、种禽养殖档案中的强制免疫记录。

（3）饲养场的《动物防疫条件合格证》《种畜禽生产经营许可

证》。

（4）需要进行实验室疫病检测的，提供实验室疫病检测报告。

（5）跨省、自治区、直辖市引进乳用种用家畜、种禽到达输入地隔离观察合格后需要继续运输的，提供检疫申报单、原始检疫证明、隔离观察记录及饲养场或隔离场出具的《乳用种用家畜隔离检查证书》或《种禽隔离检查证书》。

3．鱼类、甲壳类、贝类

申报检疫时，应当提交检疫申报单、《水域滩涂养殖证》或合法有效的相关合同协议、《水产养殖生产记录》等资料。对于从事水产苗种生产的，还应当提交《水产苗种生产许可证》。有引种的，还应提交过去12个月内引种来源地的动物检疫证明。对于需要实验室检测的，应提交申报前7日内出具的规定疫病的实验室疫病检测报告，其中纳入省级以上水生动物疫病监测计划的，可提交近2年监测结果证明代替。

4．动物产品

货主应当提前3天向所在地动物卫生监督机构申报检疫，并提供以下材料：

（1）检疫申报单。

（2）需要实施检疫动物产品供体动物的强制免疫记录，饲养场提供养殖档案中的强制免疫记录，饲养户提供防疫档案。

（3）原毛、绒、角的消毒记录。

（4）血液供体动物实施规定疫病免疫的，提供免疫记录；未实施免疫的，提供申报前7日内出具的血液供体动物的相关实验室疫病检测报告。

（二）申报受理

动物卫生监督机构接到检疫申报后，应当及时对申报材料进行审查。根据申报材料审查情况、当地相关动物疫情状况以及是否符合重大动物疫病分区防控要求，决定是否予以受理。受理的，应当及时指派官方兽医或协检人员到现场或指定地点核实信息，开展临床健康检查；不予受理的，应当说明理由。

（三）查验材料及畜禽标识

1. 生猪、反刍动物、家禽、马属动物、犬、猫、兔等动物

（1）查验申报主体身份信息是否与检疫申报单相符。

（2）实行风险分级管理的，查验饲养场（户）分级管理材料。

（3）查验饲养场《动物防疫条件合格证》和养殖档案，了解生产、免疫、监测、诊疗、消毒、无害化处理及相关动物疫病发生情况，确认动物已按规定进行强制免疫，并在有效保护期内。生猪要了解是否使用未经国家批准的兽用疫苗，了解是否违反国家规定使用餐厨剩余物饲喂。

（4）查验饲养户免疫记录，确认动物已按规定进行强制免疫，并在有效保护期内。生猪要了解是否使用未经国家批准的兽用疫苗，了解是否违反国家规定使用餐厨剩余物饲喂。人工饲养的犬查验狂犬病免疫抗体检测报告是否符合要求，检测结果是否合格。

（5）查验畜禽标识加施情况，确认动物佩戴的畜禽标识与检疫申报单、相关档案记录相符。

（6）查验实验室疫病检测报告是否符合要求，检测结果是否合格。

（7）已经取得产地检疫证明的动物，从专门经营动物的集贸市场继续出售或运输的，或者展示、演出、比赛后需要继续运输的，查验产地检疫证明是否真实并在调运有效期内，进出场记录是否完整。产地检疫证明超过调运有效期的，生猪查验非洲猪瘟的实验室疫病检测报告是否符合要求，检测结果是否合格。反刍动物实施布鲁氏菌病免疫的，查验布鲁氏菌病免疫记录是否真实、完整；未实施布鲁氏菌病免疫的，查

验布鲁氏菌病实验室疫病检测报告是否符合要求，检测结果是否合格。马属动物查验马传染性贫血、马鼻疽的实验室疫病检测报告是否符合要求，检测结果是否合格。兔查验兔出血症的实验室疫病检测报告是否符合要求，检测结果是否合格。

（8）查验运输车辆、承运单位（个人）及车辆驾驶员是否备案。

2．跨省调运乳用种用家畜和种禽

（1）查验申报主体身份信息是否与检疫申报单相符。

（2）查验饲养场《动物防疫条件合格证》《种畜禽生产经营许可证》和养殖档案，了解生产、免疫、监测、诊疗、消毒、无害化处理及相关动物疫病发生情况，确认家畜已按规定进行强制免疫，并在有效保护期内。

（3）查验畜禽标识加施情况，确认其佩戴的畜禽标识与检疫申报单、相关档案记录相符。

（4）查验实验室疫病检测报告是否符合要求，检测结果是否合格。

（5）跨省、自治区、直辖市引进乳用种用家畜或种禽到达输入地隔离观察合格后需要继续运输的，查验原始检疫证明、隔离观察记录及《乳用种用家畜隔离检查证书》。

（6）查验运输车辆、承运单位（个人）及车辆驾驶员是否备案。

3．鱼类、甲壳类、贝类

查验养殖场防疫状况查验进出场、饲料、进排水、疾病防治、消毒用药、养殖生产记录和卫生管理等状况，核实养殖场未发生相关水生动物疫情。

4．动物产品

（1）查验申报主体身份信息是否与检疫申报单相符。

（2）查验饲养场《动物防疫条件合格证》和养殖档案，了解生产、免疫、监测、诊疗、消毒、无害化处理及相关动物疫病发生情况，确认动物已按规定进行强制免疫，并在有效保护期内。

（3）查验饲养户免疫记录，确认动物已按规定进行强制免疫，并在有效保护期内。

（4）查验畜禽标识加施情况，确认动物佩戴的畜禽标识与检疫申报单、相关档案记录相符。

（5）查验生皮、原毛、绒、角的消毒记录是否符合要求。

（6）血液供体动物实施规定疫病免疫的，查验免疫记录是否真实、完整；未实施免疫的，查验相关实验室疫病检测报告是否符合要求，检测结果是否合格

（四）临床检查

包括群体检查和个体检查。群体检查是从静态、动态和食态等方面进行检查，主要检查动物群体精神状况、呼吸状态、运动状态、饮水饮食情况及排泄物性状等。个体检查是通过视诊、触诊和听诊等方法进行检查，主要检查动物个体精神状况、体温、呼吸、皮肤、被毛、羽毛、天然孔、冠、髯、爪、可视黏膜、胸廓、腹部及体表淋巴结、排泄动作、排泄物及嗉囊内容物性状等。

1. 生猪

（1）出现发热、精神不振、食欲减退、流涎；蹄冠、蹄叉、蹄踵部出现水疱，水疱破裂后表面出血，形成暗红色烂斑，感染造成化脓、坏死、蹄壳脱落，卧地不起；鼻盘、口腔黏膜、舌、乳房出现水疱和糜烂等症状的，怀疑感染口蹄疫。

（2）出现高热、倦怠、食欲不振、精神委顿；呕吐，便秘，粪便表面有血液和黏液覆盖，或腹泻，粪便带血；可视黏膜潮红、发绀，眼、鼻有黏液脓性分泌物；耳、四肢、腹部皮肤有出血点；共济失调、步态僵直、呼吸困难或其他神经症状；妊娠母猪流产等症状的；出现无

症状突然死亡的，怀疑感染非洲猪瘟。

（3）出现高热、倦怠、食欲不振、精神委顿、弓腰、腿软、行动缓慢；间有呕吐，便秘、腹泻交替；可视黏膜充血、出血或有不正常分泌物，发绀；鼻、唇、耳、下颌、四肢、腹下、外阴等多处皮肤点状出血，指压不褪色等症状的，怀疑感染猪瘟。

（4）出现高热；眼结膜炎、眼睑水肿；咳嗽、气喘、呼吸困难；耳朵、四肢末梢和腹部皮肤发绀；偶见后躯无力、不能站立或共济失调等症状的，怀疑感染猪繁殖与呼吸综合征。

（5）咽喉、颈、肩胛、胸、腹、乳房及阴囊等局部皮肤出现红肿热痛，坚硬肿块，继而肿块变冷，无痛感，最后中央坏死形成溃疡；颈部、前胸出现急性红肿，呼吸困难、咽喉变窄，窒息死亡等症状的，怀疑感染炭疽。

（6）出现高热稽留；呕吐；结膜充血；粪便干硬呈粟状，附有黏液，下痢；皮肤有红斑、疹块，指压褪色等症状的，怀疑感染猪丹毒。

2. 反刍动物

（1）出现发热、精神不振、食欲减退、流涎；蹄冠、蹄叉、蹄踵部出现水疱，水疱破裂后表面出血，形成暗红色烂斑，感染造成化脓、坏死、蹄壳脱落，卧地不起；鼻盘、口腔黏膜、舌、乳房出现水疱和糜烂等症状的，怀疑感染口蹄疫。

（2）羊出现突然发热、呼吸困难或咳嗽，分泌黏脓性卡他性鼻炎，口腔黏膜充血、糜烂，齿龈出血，严重腹泻或下痢，母羊流产等症状的，怀疑感染小反刍兽疫。

（3）孕畜出现流产、死胎或产弱胎，生殖道炎症，胎衣滞留，持续排出污灰色或棕红色恶露以及乳房炎症状；公畜发生睾丸炎或关节炎、滑膜囊炎，偶见阴茎红肿，睾丸和附睾肿大等症状的，怀疑感染布鲁氏菌病。

（4）出现高热、呼吸增速、心跳加快；食欲废绝，偶见瘤胃膨胀，可视黏膜发绀，突然倒毙；天然孔出血、血凝不良呈煤焦油样、尸僵不全；体表、直肠、口腔黏膜等处发生炭疽痈等症状的，怀疑感染炭疽。

（5）牛出现全身皮肤多发性结节、溃疡、结痂，并伴随浅表淋巴结肿大，尤其是肩前淋巴结肿大；眼结膜炎，流鼻涕，流涎；口腔黏膜出现水泡，继而溃破和糜烂；四肢及腹部、会阴等部位水肿；高烧、母牛产奶下降等症状的，怀疑感染牛结节性皮肤病。

（6）出现渐进性消瘦，咳嗽，个别可见顽固性腹泻，粪中混有黏液状脓汁；奶牛偶见乳房淋巴结肿大等症状的，怀疑感染牛结核病。

（7）羊出现高热稽留，精神委顿，厌食，流涎，嘴唇水肿并蔓延到面部、眼睑、耳以及颈部和腋下，口腔黏膜、舌头充血、糜烂，或舌头发绀、溃疡、糜烂以至吞咽困难，有的蹄冠和蹄叶发炎，呈现跛行等症状的，怀疑感染蓝舌病。

（8）羊出现体温升高、呼吸加快；皮肤黏膜上出现痘疹，由红斑到丘疹，突出皮肤表面，遇化脓菌感染则形成脓疱继而破溃结痂等症状的，怀疑感染绵羊痘或山羊痘。

（9）山羊出现高热稽留、呼吸困难、鼻翼扩张、咳嗽；可视黏膜发绀，胸前和肉垂水肿；腹泻和便秘交替发生，厌食、消瘦、流涕或口流白沫等症状的，怀疑感染山羊传染性胸膜肺炎。

3．家禽

（1）出现突然死亡、死亡率高；病禽极度沉郁，头部和眼睑部水肿，鸡冠发绀、脚鳞出血和神经紊乱；鸭鹅等水禽出现明显神经症状、腹泻、角膜炎甚至失明等症状的，怀疑感染高致病性禽流感。

（2）出现体温升高、食欲减退、神经症状；缩颈闭眼、冠髯暗紫；呼吸困难；口腔和鼻腔分泌物增多，嗉囊肿胀；下痢；产蛋减少或停止等症状的；或少数禽突然发病，无任何症状死亡的，怀疑感染新城疫。

（3）出现体温升高；食欲减退或废绝、翅下垂、脚无力，共济失调、不能站立；眼流浆性或脓性分泌物，眼睑肿胀或头颈浮肿；绿色下痢，衰竭虚脱等症状的，怀疑感染鸭瘟。

（4）出现突然死亡；精神萎靡、倒地两脚划动，迅速死亡；厌食、嗉囊松软，内有大量液体和气体；排灰白或淡黄绿色混有气泡的稀粪；呼吸困难，鼻端流出浆性分泌物，喙端色泽变暗等症状的，怀疑感染小鹅瘟。

（5）出现食欲减退、消瘦、腹泻、体重迅速减轻，死亡率较高；运动失调、劈叉姿势；虹膜褪色、单侧或双眼灰白色混浊所致的白眼病或瞎眼；颈、背、翅、腿和尾部形成大小不一的结节及瘤状物等症状的，怀疑感染马立克病。

（6）出现冠、肉髯和其他无羽毛部位发生大小不等的疣状块，皮肤增生性病变；口腔、食道、喉或气管黏膜出现白色结节或黄色白喉膜病变等症状的，怀疑感染禽痘。

（7）出现精神沉郁、羽毛松乱、不喜活动、食欲减退、逐渐消瘦；泄殖腔周围羽毛被稀粪沾污；运动失调、足和翅发生轻瘫；嗉囊内充满液体，可视黏膜苍白；排水样稀粪、棕红色粪便、血便、间歇性下痢；群体均匀度差，产蛋下降等症状的，怀疑感染鸡球虫病。

4. 马属动物

（1）出现发热、贫血、出血、黄疸、心脏衰弱、浮肿和消瘦等症状的，怀疑感染马传染性贫血。

（2）出现体温升高、精神沉郁；呼吸、脉搏加快；下颌淋巴结肿大；鼻孔一侧（有时两侧）流出浆液性或黏性鼻汁，偶见鼻疽结节、溃疡、瘢痕等症状的，怀疑感染马鼻疽。

（3）出现剧烈咳嗽，严重时发生痉挛性咳嗽；流浆液性鼻液，偶见黄白色脓性鼻液；结膜潮红肿胀，微黄染，流出浆液乃至脓性分泌物，有的出现结膜浑浊；精神沉郁，食欲减退，体温升高；呼吸和脉搏次数增加；四肢或腹部浮肿，发生腱鞘炎；下颌淋巴结轻度肿胀等症状的，怀疑感染马流感。

（4）出现体温升高，结膜潮红稍黄染，上呼吸道及咽黏膜呈卡他性化脓性炎症，下颌淋巴结急性化脓性肿大（如鸡蛋大）等症状的，怀疑感染马腺疫。

（5）出现体温升高，食欲减退；分泌大量浆液乃至黏脓性鼻液，鼻黏膜和眼结膜充血；下颌淋巴结肿胀，四肢腱鞘水肿；妊娠母马流产等症状的，怀疑感染马鼻肺炎。

5. 人工饲养的犬

（1）出现行为反常，易怒，有攻击性，狂躁不安，高度兴奋，流涎；狂暴与沉郁交替出现，表现特殊的斜视和惶恐；自咬四肢、尾及阴部等；意识障碍、反射紊乱、消瘦、声音嘶哑、夹尾、眼球凹陷、瞳孔散大或缩小；下颌下垂、舌脱出口外、流涎显著、后躯及四肢麻痹、卧地不起、恐水等症状的，怀疑感染狂犬病。

（2）出现母犬流产、死胎，产后子宫有长期暗红色分泌物，不孕，关节肿大，消瘦；公犬睾丸肿大、关节肿大、极度消瘦等症状的，怀疑感染布鲁氏菌病。

（3）出现眼鼻脓性分泌物，脚垫粗糙增厚，四肢或全身有节律性的抽搐；有的出现发热、眼周红肿、打喷嚏、咳嗽、呕吐、腹泻、食欲不振、精神沉郁等症状的，怀疑感染犬瘟热。

（4）出现呕吐，腹泻，粪便呈咖啡色或番茄酱色样血便，带有特殊的腥臭气味；有些出现发热、精神沉郁、不食，严重脱水、眼球下陷、鼻镜干燥、皮肤弹力高度下降、体重明显减轻、突然呼吸困难、心力衰弱等症状的，怀疑感染犬细小病毒病。

（5）出现体温升高，精神沉郁；角膜水肿，呈“蓝眼”；呕吐、不食或食欲废绝等症状的，怀疑感染犬传染性肝炎。

6. 人工饲养的猫

（1）出现行为异常，有攻击性行为，狂暴不安，发出刺耳的叫声，肌肉震颤，步履蹒跚，流涎等症状的，怀疑感染狂犬病。

（2）出现呕吐，体温升高，不食，腹泻，粪便为水样、黏液性或带血，眼鼻有脓性分泌物等症状的，怀疑感染猫泛白细胞减少症。

7. 兔

（1）出现体温升高到41℃以上，全身性出血，鼻孔中流出泡沫状血液；有些出现呼吸急促，食欲不振，渴欲增加，精神委顿，挣扎、啃咬笼架等兴奋症状；全身颤抖，四肢乱蹬，惨叫；肛门常松弛，流出附有淡黄色黏液的粪便，肛门周围被毛被污染；被毛粗乱，迅速消瘦等症状的，怀疑感染兔出血症。

（2）出现食欲减退或废绝，精神沉郁，动作迟缓，伏卧不动，眼、鼻分泌物增多，眼结膜苍白或黄染，唾液分泌增多，口腔周围被毛潮湿，腹泻或腹泻与便秘交替出现，尿频或常呈排尿姿势，后肢和肛门周围被粪便污染，腹围增大，肝区触诊疼痛，后期出现神经症状，极度衰竭死亡的，怀疑感染兔球虫病。

8. 水貂、银狐、北极狐、貉等非食用性动物

（1）出现特有的狂躁、恐惧不安、怕风怕水、流涎和咽肌痉挛，最终发生瘫痪而危及生命，怀疑感染狂犬病。

（2）出现原因不明而突然死亡或可视黏膜发绀、高热、病情发展急剧，死后天然孔出血、血凝不良，尸僵不全等，怀疑感染炭疽。

（3）水貂出现呕吐、舌头外伸，食欲不振，后肢瘫痪、拖着身子爬行，严重的四肢瘫痪，个别咬笼死亡，口腔内大量泡沫黏液；狐狸、

貉表现为咬毛，撕咬身体某个部位，用爪挠伤脸部、眼部、嘴角，舌头外伸，呕吐，犬坐样姿势，兴奋性增高，有的鼻子出血，有时在笼内转圈，有时闯笼咬笼，最后精神沉郁死亡的，怀疑感染伪狂犬病。

（4）出现体温升高，呈间歇性；有流泪、眼结膜发红、眼分泌物液状或黏脓性；鼻镜发干，浆液性鼻液或脓性鼻液；有干咳或湿咳，呼吸困难。脚垫角化、鼻部角化，严重者有神经性症状；癫痫、转圈、站立姿势异常、步态不稳、共济失调、咀嚼肌及四肢出现阵发性抽搐等，怀疑感染犬瘟热。

（5）出现体温升高，食欲不振；呕吐、腹泻，粪便在发病初期呈乳白色，后期呈粉红色；部分出现耸肩弓背症状，怀疑感染水貂病毒性肠炎。

（6）出现呕吐、腹痛、腹泻症状后数小时内急性死亡；精神沉郁、寒战怕冷、体温升高，食欲废绝、喜喝水，呕吐、腹泻；贫血黄疸、咽炎、扁桃体炎、淋巴结肿大，角膜水肿、角膜变蓝、角膜混浊由角膜中心向四周扩展，重者导致角膜穿孔，眼睛半闭，畏光流泪，有大量浆液性分泌物流出，怀疑感染犬传染性肝炎。

（7）出现食欲减少或丧失，精神沉郁，逐渐衰竭，死前出现痉挛，病程2~3天；极度口渴，食欲下降，生长缓慢，逐渐消瘦，可视黏膜苍白、出血和溃疡，怀疑感染水貂阿留申病。

9．蜜蜂

（1）子脾上出现幼虫日龄极不一致，出现“花子现象”，在封盖子脾上，巢房封盖出现发黑，湿润下陷，并有针头大的穿孔，腐烂后的幼虫（9~11日龄）尸体呈黑褐色并具有黏性，挑取时能拉出2~5cm的丝；或干枯成脆质鳞片状的干尸，有难闻的腥臭味，怀疑感染美洲蜜蜂幼虫腐臭病。

（2）在未封盖子脾上，出现虫卵相间的“花子现象”，死亡的小幼虫（2～4日龄）呈淡黄色或黑褐色，无黏性，且发现大量空巢房，有酸臭味，怀疑感染欧洲蜜蜂幼虫腐臭病。

（3）在巢框上或巢门口发现黄棕色粪迹，蜂箱附近场地上出现腹部膨大、腹泻、失去飞翔能力的蜜蜂，怀疑感染蜜蜂孢子虫病。

（4）在箱底或巢门口发现大量体表布满菌丝或孢子囊，质地紧密的白垩状幼虫或近黑色的幼虫尸体时，判定为白垩病。

（5）在巢门口或附近场地上出现蜂翅残缺不全或无翅的幼蜂爬行，以及死蛹被工蜂拖出等情况时，怀疑感染瓦螨病或亮热厉螨病。从2个以上子脾中随机挑取50个封盖房，逐个检查封盖幼虫或蜂蛹体表有无蜂螨寄生。其中一个蜂群的狄斯瓦螨平均寄生密度达到0.1以上，判定为瓦螨病；其中一个蜂群的梅氏热厉螨平均寄生密度达到0.1以上，判定为亮热厉螨病。

10. 乳用、种用家畜

按照相关动物产地检疫规程要求开展临床检查外，还应当做下列疫病检查。

（1）发现母猪返情、空怀，妊娠母猪流产、产死胎、木乃伊胎等，公猪睾丸肿胀、萎缩等症状的，怀疑感染伪狂犬。

（2）发现母猪，尤其是初产母猪产仔数少、流产、产死胎、木乃伊胎及发育不正常胎等症状的，怀疑猪细小病毒感染。

（3）发现体表淋巴结肿大，贫血，可视黏膜苍白，精神衰弱，食欲不振，体重减轻，呼吸急促，后驱麻痹乃至跛行瘫痪，周期性便秘及腹泻等症状的，怀疑感染地方流行性牛白血病。

（4）发现体温升高，精神委顿，流黏脓性鼻液，鼻黏膜充血，呼吸困难，呼出气体恶臭；外阴和阴道黏膜充血潮红，有时黏膜上面散在有灰黄色、粟粒大的脓疱，阴道内见有多量的黏脓性分泌物等症状的，怀疑感染牛传染性鼻气管炎（传染性脓疱外阴阴道炎）。

11．种禽

按照相关动物产地检疫规程要求开展临床检查外，还应开展以下疫病检查。

（1）发现消瘦、头部苍白、腹部增大、产蛋下降等症状的，怀疑感染禽白血病。

（2）发现生长受阻、瘦弱、羽毛发育不良等症状的，怀疑感染禽网状内皮组织增殖症。

12．鱼类

（1）鲤、锦鲤、金鱼出现眼球突出、腹部膨大、皮肤或鳃出血等症状，解剖可见鳔有点状或斑块状充血，且水温在10～22℃之间，怀疑患有鲤春病毒血症。

（2）青鱼、草鱼出现鳃盖或鳍条基部出血，头顶、口腔、眼眶等处有出血点，解剖查验发现肌肉点状或块状出血、肠壁充血等症状，且水温在20～30℃之间，怀疑患有草鱼出血病。

（3）鳜、鲈体色发黑，贫血症状明显，头、鳃盖、下颌、眼眶、胸鳍和腹鳍基部、腹部肝区和尾鳍有出血点，鳃黏液增多、糜烂、暗灰，肝肿大、灰白或土灰色，或白灰相间呈花斑状，有小出血点，肾肿大、充血、糜烂、暗红色，脾肿大、糜烂、紫黑色，小肠有黄色透明流晶样物，且水温在25～34℃之间，怀疑患有传染性脾肾坏死病。

（4）鲤、锦鲤出现眼球凹陷、体表有白色块斑、水泡、溃疡、多处出血，尤其是鳍条基部严重出血，鳃出血并产生大量黏液或组织坏死、鳞片有血丝等症状，且水温在15～28℃之间，怀疑患有锦鲤疱疹病毒病。

（5）虹鳟（包括金鳟）出现体色发黑、眼球突出、昏睡或乱蹿打转、肛门处拖着不透明或棕褐色的假管型黏液粪便等症状，且水温在8～15℃之间，怀疑患有传染性造血器官坏死病。

（6）鲫、金鱼出现体色发黑，体表广泛性充血或出血，鳃丝肿胀或鳃血管易破裂出血，解剖后可见内脏肿大充血，鳔壁出现点状或斑块状充血等症状，且水温在15～28℃之间，怀疑患有鲫造血器官坏死病。

（7）鲤、锦鲤出现眼球凹陷、体色发黑、昏睡、烂鳃等症状，且水温在20～27℃之间，怀疑患有鲤浮肿病。

（8）淡水鱼类体表和鳃丝有白色点状胞囊、大量黏液、糜烂等症状，镜检小白点可见有马蹄形核、呈旋转运动的虫体，且水温在15～25℃之间，怀疑患有小瓜虫病。

（9）海水鱼类体表和鳃出现大量黏液，或有许多小白点等症状，镜检小白点可见有圆形或卵圆形、体色不透明、缓慢旋转运动的虫体，且水温在22～30℃之间，怀疑患有刺激隐核虫病。

（10）石斑鱼出现体色发黑、腹部膨大、头部出血、眼球浑浊外凸、鱼体畸形、间歇性乱窜打转、离群或侧躺于池底等症状，且水温在22～25℃之间，怀疑患有病毒性神经坏死病。

13. 甲壳类

（1）对虾甲壳上出现点状或片状白斑、头胸甲易剥离、虾体发红、血淋巴不凝固等症状；克氏原螯虾出现头胸甲易剥离、血淋巴不凝固等症状，怀疑患有白斑综合征。

（2）对虾、克氏原螯虾甲壳上出现体色变浅、空肠空胃、肝胰腺萎缩等症状；罗氏沼虾额剑基部甲壳下出现明显的白色三角形病变等症状，怀疑患有十足目虹彩病毒病。

（3）对虾出现个体瘦小、肝胰腺颜色深、群体中体长差异大等症状，怀疑患有虾肝肠胞虫病。

（4）对虾出现甲壳变软、空肠空胃、肝胰腺颜色变浅、萎缩等症状，怀疑患有急性肝胰腺坏死病。

（5）对虾腹节和尾扇肌肉出现局部至弥散性白色坏死，尾部腹节和尾扇坏死发红，怀疑患有传染性肌坏死病。

14. 贝类

（1）鲍出现附着力、爬行能力减弱，分泌黏液增多，外套膜失去弹性等症状，且水温在23℃以下，怀疑患有鲍疱疹病毒病。

（2）双壳贝类幼虫活动力下降、沉底，幼贝和成贝出现双壳闭合不全、内脏团苍白，鳃丝糜烂等症状，且水温在13℃以上，怀疑患有牡蛎疱疹病毒病。

（五）实验室疫病检测

1. 对怀疑患有规定疫病及临床检查发现其他异常情况的，应当按相应疫病防治技术规范进行实验室检测。

2. 需要进行实验室疫病检测的，抽检比例不低于5%或10%，原则上不少于5或10头（只），数量不足5或10头（只）的要全部检测。人工饲养的犬、猫需要进行实验室疫病检测的，应当逐只开展检测。

3. 省内调运的种畜禽可参照《跨省调运乳用种用家畜产地检疫规程》和《跨省调运乳用种禽产地检疫规程》进行实验室疫病检测，并提供相应检测报告。

4. 鱼类、甲壳类、贝类应按照《水生动物产地检疫采样技术规范》（SC/T7103）采样送实验室，并按相应疫病检测技术规范进行检测。

（六）产地检疫结果处理

1. 动物检疫合格，且运输车辆、承运单位（个人）及车辆驾驶员备案符合要求的，出具动物检疫证明。运输车辆、承运单位（个人）及车辆驾驶员备案不符合要求的，应当及时向农业农村部门报告，由农业农村部门责令改正的，方可出具动物检疫证明。人工饲养的犬、猫逐只出具动物检疫证明。蜜蜂的动物检疫证明有效期为6个月，且从原驻地至最远蜜粉源地或从最远蜜粉源地至原驻地单程有效，同时在备注栏中标明运输路线。

动物产品检疫合格的，出具动物检疫证明，按规定加施检疫标志。

官方兽医应当及时将动物检疫证明有关信息上传至动物检疫管理信息化系统。

2. 动物检疫不合格的，出具检疫处理通知单，并按照下列规定处理。

（1）发现申报主体信息与检疫申报单不符、风险分级管理不符合规定、畜禽标识与检疫申报单不符等情形的，货主按规定补正后，方可重新申报检疫。

（2）未按照规定进行强制免疫或强制免疫不在有效保护期内的，及时向农业农村部门报告，货主按规定对动物实施强制免疫并在免疫有效保护期内，方可重新申报检疫。

（3）发现患有本规程规定动物疫病的，向农业农村部门或者动物疫病预防控制机构报告，应当按照相应疫病防治技术规范规定处理。

（4）发现患有本规程规定检疫对象以外动物疫病，影响动物健康的，向农业农村部门或者动物疫病预防控制机构报告，按规定采取相应防疫措施。

（5）发现不明原因死亡或怀疑为重大动物疫情的，应当按照《中华人民共和国动物防疫法》《重大动物疫情应急条例》和《农业农村部关于做好动物疫情报告等有关工作的通知》（农医发〔2018〕22号）的有关规定处理。

（6）发现病死动物的，按照《病死畜禽和病害畜禽产品无害化处理管理办法》《病死及病害动物无害化处理技术规范》《病死水生动物及病害水生动物产品无害化处理规范》等规定处理。

（7）发现货主提供虚假申报材料、养殖档案或畜禽标识不符合规定等涉嫌违反有关法律法规情形的，应当及时向农业农村部门报告，由农业农村部门按照规定处理。

动物产品检疫不合格的，出具检疫处理通知单，并按照下列规定处理。

（1）发现申报主体信息与检疫申报单不符的，货主按规定补正后，方可重新申报检疫。

（2）发现供体动物未按照规定进行强制免疫或强制免疫时限不在有效保护期的，及时向农业农村部门报告，货主按规定对动物产品再次消毒后，方可重新申报检疫。

（3）发现供体动物染疫、疑似染疫或者死亡的，分别按照动物检疫不合格的相关规定处理。

（4）动物产品未按照规定消毒的，货主按规定对动物产品消毒后，方可重新申报检疫。

（5）实验室疫病检测结果不合格的，向农业农村部门报告，由货主对动物产品进行无害化处理。

（6）发现货主提供虚假申报材料、养殖档案及畜禽标识不符合规定等涉嫌违反有关法律法规的，应当及时向农业农村部门报告，由农业农村部门按照规定处理。

（七）产地检疫记录

1. 官方兽医应当及时填写检疫工作记录，详细登记货主姓名、地址、申报检疫时间、检疫时间、检疫地点、检疫动物种类、数量及用途、检疫处理、检疫证明编号等。

2. 检疫申报单和检疫工作记录保存期限不得少于12个月。

第三章　屠宰检疫

一、屠宰检疫的概念

屠宰检疫指在依法设立的屠宰加工场所对被宰动物进行的宰前检疫和在屠宰过程中进行的同步检疫以及检疫结果处理。宰前检疫是驻场官方兽医对进入屠宰加工场所的动物查验检疫申报单、动物检疫证明和畜禽标识，进行临床检查健康。同步检疫是在屠宰过程中，对屠宰动物的胴体、头、蹄、脏器、淋巴结、油脂及其他应检疫部位按规定的程序和标准实施的检疫。

二、屠宰检疫的作用

屠宰检疫是动物检疫的重要环节，是动物从饲养到餐桌的最后一道关口，也是保障肉品质量安全的最后一道防线。通过屠宰检疫，可以查出动物在产地检疫时不易检出的人畜共患病，严格的屠宰检疫能够防止动物疫病传播，确保动物产品安全，保障人民健康。

三、屠宰检疫的合格标准

1．进入屠宰加工场所时，具备有效的动物检疫证明，畜禽标识符合国家规定。

2．申报材料符合检疫规程规定。

3．待宰动物临床检查健康。

4．同步检疫合格。

5．需要进行实验室疫病检测的，检测结果合格。

四、屠宰检疫的对象

（一）生猪

口蹄疫、非洲猪瘟、猪瘟、猪繁殖与呼吸综合征、炭疽、猪丹毒、囊尾蚴病、旋毛虫病。

（二）牛

口蹄疫、布鲁氏菌病、炭疽、牛结核病、牛传染性鼻气管炎（传染性脓疱外阴阴道炎）、牛结节性皮肤病、日本血吸虫病。

（三）羊

口蹄疫、小反刍兽疫、炭疽、布鲁氏菌病、蓝舌病、绵羊痘和山羊痘、山羊传染性胸膜肺炎、棘球蚴病、片形吸虫病。

（四）家禽

高致病性禽流感、新城疫、鸭瘟、马立克病、禽痘、鸡球虫病。

（五）兔

兔出血症、兔球虫病。

（六）马属动物

马传染性贫血、马鼻疽、马流感、马腺疫。

（七）鹿

口蹄疫、炭疽、布鲁氏菌病、牛结核病、棘球蚴病、片形吸虫病。

五、屠宰检疫的程序

（一）检疫申报

1．申报检疫。货主应当在屠宰前6小时向所在地动物卫生监督机构申报检疫，急宰的可以随时申报。申报检疫应当提供以下材料：

（1）检疫申报单。

（2）动物入场时附有的动物检疫证明。

（3）动物入场查验登记、待宰巡查等记录。

2．申报受理。动物卫生监督机构接到检疫申报后，应当及时对申报材料进行审查。材料齐全的，予以受理，由派驻（出）的官方兽医实施检疫；不予受理的，应当说明理由。

3．回收检疫证明。官方兽医应当回收动物入场时附有的动物检疫证明，并将有关信息上传至动物检疫管理信息化系统。

（二）宰前检查

1．现场核查申报材料与待宰动物信息是否相符。

2．临床检查。按照产地检疫中临床检查内容实施检查。

3．结果处理。

（1）合格的，准予屠宰。

（2）不合格的，由官方兽医出具检疫处理通知单，按下列规定处理。

a．发现染疫或者疑似染疫的，向农业农村部门或者动物疫病预防控制机构报告，并由货主采取隔离等控制措施。

b．发现病死动物的，按照《病死畜禽和病害畜禽产品无害化处理管理办法》等规定处理。

c．现场核查待宰动物信息与申报材料或入场时附有的动物检疫证明不符，涉嫌违反有关法律法规的，向农业农村部门报告。

（3）确认为无碍于肉食安全且濒临死亡的生猪，可以急宰。

（三）宰后检疫

与屠宰操作相对应，对动物的胴体、脏器、蹄、头等部位进行检疫。因屠宰动物的种类不同，宰后同步检疫操作也不同。

1．生猪

与屠宰操作相对应，对同一头猪的胴体、脏器、蹄、头等统一编号进行检疫。

（1）体表、头、蹄检查

视检体表的完整性、颜色，检查有无本规程规定疫病引起的皮肤病变、关节肿大等。

观察吻突、齿龈和蹄部有无水疱、溃疡、烂斑等。

放血后、脱毛前，沿放血孔纵向切开下颌区，直到舌骨体，剖开两侧下颌淋巴结，检查有无肿大、水肿和胶样浸润，切面是否呈砖红色，有无坏死灶（紫、黑、黄）等。

剖检两侧咬肌，充分暴露剖面，检查有无囊尾蚴。

（2）内脏检查

取出内脏前，观察胸腔、腹腔有无积液、粘连、纤维素性渗出物。检查脾脏、肠系膜淋巴结有无肠炭疽。取出内脏后，检查心脏、肺脏、肝脏、脾脏、胃肠等。

心脏检查。视检心包，切开心包膜，检查有无变性、心包积液、纤维素性渗出物、淤血、出血、坏死等病变。在与左纵沟平行的心脏后缘房室分界处纵剖心脏，检查心内膜、心肌有无虎斑心和寄生虫、血液凝固状态、二尖瓣有无菜花样赘生物等。

肺脏检查。视检肺脏形状、大小、色泽，触检弹性，检查肺实质有无坏死、萎陷、水肿、淤血、实变、结节、纤维素性渗出物等病变。剖开一侧支气管淋巴结，检查有无出血、淤血、肿胀、坏死等。必要时剖检气管、支气管。

肝脏检查。视检肝脏形状、大小、色泽，触检弹性，检查有无淤血、肿胀、变性、黄染、坏死、硬化、肿物、结节、纤维素性渗出物、寄生虫等病变。剖开肝门淋巴结，检查有无出血、淤血、肿胀、坏死等。必要时剖检胆管。

脾脏检查。视检形状、大小、色泽，触检弹性，检查有无显著肿胀、淤血、颜色变暗、质地变脆、坏死灶、边缘出血性梗死、被膜隆起及粘连等病变。必要时剖检脾实质。

胃和肠检查。视检胃肠浆膜，观察形状、色泽，检查有无淤血、出血、坏死、胶冻样渗出物和粘连。对肠系膜淋巴结做长度不少于20厘米的切口，检查有无增大、水肿、淤血、出血、坏死等病变。必要时剖检胃肠，检查黏膜有无淤血、出血、水肿、坏死、溃疡。

（3）胴体检查

整体检查。检查皮肤、皮下组织、脂肪、肌肉、淋巴结、骨骼以及胸腔、腹腔浆膜有无淤血、出血、疹块、脓肿和其他异常等。

淋巴结检查。剖开两侧腹股沟浅淋巴结，检查有无淤血、肿大、出血、坏死、增生等病变。必要时剖检腹股沟深淋巴结、髂内淋巴结。

腰肌检查。咬肌检查异常时，沿颈椎与腰椎结合部两侧肌纤维方向切开10厘米左右切口，检查有无囊尾蚴。

肾脏检查。剥离两侧肾被膜，视检肾脏形状、大小、色泽，触检质地，检查有无贫血、出血、淤血、肿胀等病变。必要时纵向剖检肾脏，检查切面皮质、髓质部有无颜色变化、出血及隆起等。

（4）旋毛虫检查

取左右膈脚30克左右，与胴体编号一致，撕去肌膜，感官检查有异常的进行镜检。

（5）复检

必要时，官方兽医对上述检疫情况进行复检，综合判定检疫结果。

2. 牛

与屠宰操作相对应，对同一头牛的胴体、脏器、蹄、头等统一编号进行检疫。

（1）头、蹄部检查

头部检查。检查鼻唇镜、齿龈及舌面有无水疱、溃疡、烂斑等；剖检一侧咽后内侧淋巴结和两侧下颌淋巴结，检查咽喉黏膜和扁桃体有无病变。

蹄部检查。检查蹄冠、蹄叉皮肤有无水疱、溃疡、烂斑、结痂等。

（2）内脏检查

取出内脏前，观察胸腔、腹腔有无积液、粘连、纤维素性渗出物。检查心脏、肺脏、肝脏、胃肠、脾脏、肾脏，剖检肠系膜淋巴结、支气管淋巴结、肝门淋巴结，检查有无病变和其他异常。

心脏检查。检查心脏的形状、大小、色泽及有无淤血、出血、肿胀等。必要时剖开心包，检查心包膜、心包积液和心肌有无异常。

肺脏检查。检查两侧肺叶实质、色泽、形状、大小及有无淤血、出血、水肿、化脓、实变、结节、粘连、寄生虫等。剖检一侧支气管淋巴结，检查切面有无淤血、出血、水肿等。必要时剖开气管、结节部位。

肝脏检查。检查肝脏大小、色泽，触检其弹性和硬度，剖开肝门淋巴结，检查有无出血、淤血、肿大、坏死灶等。必要时剖开肝实质、胆囊和胆管，检查有无硬化、萎缩、日本血吸虫等。

肾脏检查。检查其弹性和硬度及有无出血、淤血等。必要时剖开肾实质，检查皮质、髓质和肾盂有无出血、肿大等。

脾脏检查。检查弹性、颜色、大小等。必要时剖检脾实质。

胃和肠检查。检查肠袢、肠浆膜，剖开肠系膜淋巴结，检查形状、色泽及有无肿胀、淤血、出血、粘连、结节等。必要时剖开胃肠，检查内容物、黏膜及有无出血、结节、寄生虫等。

子宫和睾丸检查。检查母牛子宫浆膜有无出血、黏膜有无黄白色或干酪样结节。检查公牛睾丸有无肿大，睾丸、附睾有无化脓、坏死灶等。

（3）胴体检查

整体检查。检查皮下组织、脂肪、肌肉、淋巴结以及胸腔、腹腔浆膜有无淤血、出血、疹块、脓肿、结节和其他异常等。

淋巴结检查。颈浅淋巴结（肩前淋巴结）在肩关节前稍上方剖开臂头肌、肩胛横突肌下的一侧颈浅淋巴结，检查切面形状、色泽及有无肿胀、淤血、出血、坏死灶等。

髂下淋巴结（股前淋巴结、膝上淋巴结）剖开一侧淋巴结，检查切面形状、色泽、大小及有无肿胀、淤血、出血、坏死灶等。

必要时剖检腹股沟深淋巴结。

（4）复检。必要时，官方兽医对上述检疫情况进行复检，综合判定检疫结果。

3. 羊

与屠宰操作相对应，对同一羊的胴体、脏器、蹄、头等统一编号进行检疫。

（1）头、蹄部检查

头部检查。检查鼻唇镜、齿龈及舌面有无水疱、溃疡、烂斑等；剖检一侧咽后内侧淋巴结和两侧下颌淋巴结，检查咽喉黏膜和扁桃体有无病变。

蹄部检查。检查蹄冠、蹄叉皮肤有无水疱、溃疡、烂斑、结痂等。

（2）内脏检查

取出内脏前，观察胸腔、腹腔有无积液、粘连、纤维素性渗出物。检查心脏、肺脏、肝脏、胃肠、脾脏、肾脏，剖检肠系膜淋巴结、支气管淋巴结、肝门淋巴结，检查有无病变和其他异常。

心脏检查。检查心脏的形状、大小、色泽及有无淤血、出血、肿胀等。必要时剖开心包，检查心包膜、心包积液和心肌有无异常。

肺脏检查。检查两侧肺叶实质、色泽、形状、大小及有无淤血、出血、水肿、化脓、实变、结节、粘连、寄生虫等。剖检一侧支气管淋巴结，检查切面有无淤血、出血、水肿等。必要时剖开气管、结节部位。

肝脏检查。检查肝脏大小、色泽，触检其弹性和硬度，剖开肝门淋巴结，检查有无出血、淤血、肿大、坏死灶等。必要时剖开肝实质、胆囊和胆管，检查有无硬化、萎缩、日本血吸虫等。

肾脏检查。检查其弹性和硬度及有无出血、淤血等。必要时剖开肾实质，检查皮质、髓质和肾盂有无出血、肿大等。

脾脏检查。检查弹性、颜色、大小等。必要时剖检脾实质。

胃和肠检查。检查肠袢、肠浆膜，剖开肠系膜淋巴结，检查形状、色泽及有无肿胀、淤血、出血、粘连、结节等。必要时剖开胃肠，检查内容物、黏膜及有无出血、结节、寄生虫等。

子宫和睾丸检查。检查母牛子宫浆膜有无出血、黏膜有无黄白色或干酪样结节。检查公牛睾丸有无肿大，睾丸、附睾有无化脓、坏死灶等。

（3）胴体检查

整体检查。检查皮下组织、脂肪、肌肉、淋巴结以及胸腔、腹腔浆膜有无淤血、出血、疹块、脓肿、结节和其他异常等。

淋巴结检查。颈浅淋巴结（肩前淋巴结）在肩关节前稍上方剖开臂头肌、肩胛横突肌下的一侧颈浅淋巴结，检查切面形状、色泽及有无肿胀、淤血、出血、坏死灶等。

髂下淋巴结（股前淋巴结、膝上淋巴结）剖开一侧淋巴结，检查切面形状、色泽、大小及有无肿胀、淤血、出血、坏死灶等。

必要时剖检腹股沟深淋巴结。

（4）复检。必要时，官方兽医对上述检疫情况进行复检，综合判定检疫结果。

4．家禽

（1）屠体检查

体表检查。检查色泽、气味、光洁度、完整性及有无水肿、痘疮、化脓、外伤、溃疡、坏死灶、肿物等。

冠和髯检查。检查有无出血、发绀、水肿、结痂、溃疡及形态有无异常等。

眼检查。检查眼睑有无出血、水肿、结痂以及眼球是否下陷等。

爪检查。检查有无出血、淤血、增生、肿物、溃疡及结痂等。

肛门检查。检查有无紧缩、淤血、出血等。

（2）抽检。日屠宰量在1万只以上（含1万只）的，按照1%的比例抽样检查；日屠宰量在1万只以下的抽检60只。抽检发现异常情况的，应当适当扩大抽检比例和数量。

皮下检查。检查有无出血点、炎性渗出物等。

肌肉检查。检查颜色是否正常，有无出血、淤血、结节等。

鼻腔。检查有无淤血、肿胀和异常分泌物等。

口腔。检查有无淤血、出血、溃疡及炎性渗出物等。

喉头和气管检查。检查有无水肿、淤血、出血、糜烂、溃疡和异常分泌物等。

气囊检查。检查囊壁有无增厚浑浊、纤维素性渗出物、结节等。

肺脏检查。检查有无颜色异常、结节等。

肾脏检查。检查有无肿大、出血、苍白、结节等。

腺胃和肌胃。检查浆膜面有无异常。剖开腺胃，检查腺胃黏膜和乳头有无肿大、淤血、出血、坏死灶和溃疡等；切开肌胃，剥离角质膜，检查肌层内表面有无出血、溃疡等。

肠道检查。检查浆膜有无异常。剖开肠道，检查小肠黏膜有无淤血、出血等，检查盲肠黏膜有无枣核状坏死灶、溃疡等。

肝脏和胆囊检查。检查肝脏形状、大小、色泽及有无出血、坏死灶、结节、肿物等。检查胆囊有无肿大等。

脾脏检查。检查形状、大小、色泽及有无出血和坏死灶、灰白色或灰黄色结节等。

心脏检查。检查心包和心外膜有无炎症变化等，心冠状沟脂肪、心外膜有无出血点、坏死灶、结节等。

法氏囊（腔上囊）检查。检查有无出血、肿大等。剖检有无出血、干酪样坏死等。

体腔检查。检查内部清洁程度和完整度，有无赘生物、寄生虫等。检查体腔内壁有无凝血块、粪便和胆汁污染和其他异常等。

（3）复检。必要时，官方兽医对上述检疫情况进行复检，综合判定检疫结果。

5. 兔

（1）抽检。日屠宰量在1万只以上（含1万只）的，按照1%的比例抽样检查，日屠宰量在1万只以下的抽检60只抽检发现异常情况的，应当适当扩大抽检比例和数量。

肾脏检查。检查肾脏有无肿大、淤血，皮质有无出血点等情况。

肝脏检查。检查肝脏有无肿大、变性、颜色变浅（淡黄色、土黄色）、淤血、出血、体积缩小、质地变硬；检查肝表面与实质内有无灰白色或淡黄色的结节性病灶；胆管周围和肝小叶间结缔组织是否增生等情况。

心肺及支气管检查。检查心脏和肺脏有无淤血、水肿或出血斑点；气管黏膜处有无可见淤血或弥漫性出血，并有泡沫状血色分泌物等情况。

肠道检查。检查十二指肠肠壁有无增厚、内腔扩张和黏膜炎症；小肠内有无充满气体和大量微红色黏液；肠黏膜有无肿胀、充血、出血、结节等情况。

（2）复检。必要时，官方兽医对上述检疫情况进行复检，综合判定检疫结果。

6. 马属动物

与屠宰操作相对应，对同一匹马属动物的胴体、脏器、蹄、头等统一编号进行检疫。

（1）体表检查。检查体表色泽、完整性，检查有无本规程规定马属动物疫病的皮肤结节、溃疡、水肿等病变。

（2）头部检查。检查眼结膜、口腔黏膜、咽喉黏膜等可视黏膜，观察其有无贫血、黄染、出血、结节、脓性分泌物等异常变化。

检查鼻腔黏膜及鼻中隔有无结节、溃疡、穿孔或瘢痕。剖检两侧下颌淋巴结，检查有无肿大、淤血、充血、化脓等。

（3）内脏检查。取出内脏前，观察胸腔、腹腔有无积液、粘连、纤维素性渗出物。检查心脏、肺脏、肝脏、胃肠、脾脏、肾脏，剖检肠系膜淋巴结、支气管（纵隔）淋巴结、肝门淋巴结，检查有无病变和其他异常。

心脏检查。检查心脏的形状、大小、色泽及有无实质性变、淤血、出血、水肿、结节、化脓灶等。必要时剖开心包和心脏，检查心包膜、心包积液和心肌有无积液、变性、色淡、出血、淤血、化脓灶等异常。

肺脏检查。检查两侧肺叶实质、色泽、形状、大小及有无淤血、出血、水肿、化脓、坏疽、结节、粘连、寄生虫等。视检或剖检支气管（纵隔）淋巴结，检查切面有无淤血、出血、水肿、化脓、坏死等。必要时剖检肺实质和支气管，检查有无化脓、渗出物、充血、糜烂、钙化或干酪化结节等。

肝脏检查。检查肝脏大小、色泽，触检其弹性和硬度，检查有无出血、淤血、肿大或实质变性、结节、化脓灶、坏死灶等。必要时剖开肝门淋巴结、肝实质、胆囊和胆管，检查有无淤血、水肿、变性、黄染、坏死、硬化以及肿瘤、结节、寄生虫、囊泡等病变。

肾脏检查。检查其弹性和硬度及有无肿大、出血、淤血、实质性变、化脓灶等。必要时剖开肾实质，检查皮质、髓质和肾盂有无出血、肿大、颜色灰黄等。

脾脏检查。检查弹性、颜色、大小等。必要时剖检脾实质，检查切面是否呈颗粒状。

胃和肠检查。检查胃肠浆膜，检查有无淤血、出血、坏死、胶冻样渗出物和粘连。剖开肠系膜淋巴结，检查有无肿胀、淤血、出血、化脓灶、坏死等。必要时剖开胃肠，检查内容物、黏膜等有无出血、淤血、水肿、坏死、溃疡、结节、寄生虫等。

（4）胴体检查

整体检查。检查皮下组织、脂肪、肌肉、淋巴结以及胸腔、腹腔浆膜有无淤血、出血、疹块、脓肿、黄染和其他异常等。

淋巴结检查。剖检颈浅淋巴结（肩前淋巴结）、股前淋巴结、腹股沟浅淋巴结、腹股沟深（髂内）淋巴结，必要时剖检颈深淋巴结和腘淋巴结，检查切面形状、色泽、大小及有无肿胀、淤血、出血、化脓灶、坏死灶等。

（5）复检。必要时，官方兽医对上述检疫情况进行复检，综合判定检疫结果。

7. 鹿

与屠宰操作相对应，对同一只鹿的胴体、脏器、蹄、头等统一编号进行检疫。

（1）头、蹄部检查

头部检查。检查鼻镜、齿龈、口腔黏膜、舌及舌面有无水疱、溃疡、烂斑等。必要时剖开下颌淋巴结，检查有无肿胀、淤血、出血、坏死灶等。

蹄部检查。检查蹄冠、蹄叉皮肤有无水疱、溃疡、烂斑、结痂等。

（2）内脏检查。取出内脏前，观察胸腔、腹腔有无积液、粘连、纤维素性渗出物。检查心脏、肺脏、肝脏、胃肠、脾脏、肾脏，剖检支气管淋巴结、肝门淋巴结、肠系膜淋巴结等，检查有无病变和其他异常。

心脏检查。检查心脏的形状、大小、色泽及有无淤血、出血等。必要时剖开心包，检查心包膜、心包积液和心肌有无异常。

肺脏检查。检查两侧肺叶实质、色泽、形状、大小及有无淤血、出血、水肿、化脓、实变、粘连、结节、空洞、寄生虫等。剖检一侧支气管（肺门）淋巴结，检查切面有无淤血、出血、水肿、结节等。

肝脏检查。检查肝脏大小、色泽、弹性、硬度及有无大小不一的突起。剖开肝门淋巴结，切开胆管，检查有无寄生虫等。必要时剖开肝实质，检查有无肿大、出血、淤血、坏死灶、结节、硬化、萎缩等。

肾脏检查。剥离两侧肾被膜（两刀），检查弹性、硬度及有无贫血、出血、淤血、结节等。必要时剖检肾脏。

脾脏检查。检查弹性、颜色、大小等。必要时剖检脾实质。

胃和肠检查。检查浆膜面及肠系膜有无淤血、出血、粘连等。剖开肠系膜淋巴结，检查有无肿胀、淤血、出血、坏死等。必要时剖开胃肠，检查有无淤血、出血、胶样浸润、糜烂、溃疡、化脓、结节、寄生虫等，检查瘤胃肉柱表面有无水疱、糜烂或溃疡等。

子宫和睾丸检查。检查母鹿子宫浆膜、黏膜有无出血、坏死、炎症、结节等。检查公鹿睾丸有无肿大，睾丸、附睾有无化脓、坏死灶等。

（3）胴体检查

整体检查。检查皮下组织、脂肪、肌肉、淋巴结以及胸腔、腹腔浆膜有无淤血、出血以及疹块、脓肿、结节和其他异常等。

淋巴结检查。颈浅淋巴结（肩前淋巴结）。在肩关节前稍上方剖开臂头肌、肩胛横突肌下的一侧颈浅淋巴结，检查有无肿胀、淤血、出血、结节、坏死灶等。

髂下淋巴结（股前淋巴结、膝上淋巴结）。剖开一侧淋巴结，检查切面形状、色泽、大小及有无肿胀、淤血、出血、结节、坏死灶等。

必要时剖检腹股沟深淋巴结。

（4）复检。必要时，官方兽医对上述检疫情况进行复检，综合判定检疫结果。

（四）宰后检疫结果处理

1．宰后同步检疫合格的，由官方兽医按照检疫申报批次，对动物的胴体及生皮、原毛、绒、脏器、血液、蹄、爪、头、角等出具动物检疫证明，加盖检疫验讫印章或者加施其他检疫标志。生猪屠宰加工场所要求非洲猪瘟实验室检测结果为阴性。

2．宰后同步检疫怀疑患有动物疫病的，由官方兽医出具检疫处理通知单，并向农业农村部门或者动物疫病预防控制机构报告，并由货主采取隔离等控制措施。生猪屠宰加工场所非洲猪瘟实验室检测结果为阳性的，应当立即向农业农村部门或者动物疫病预防控制机构报告，并按照《非洲猪瘟疫情应急实施方案》采取相应措施。

（五）屠宰检疫记录

1．官方兽医应当做好检疫申报、宰前检查、同步检疫、检疫结果处理等环节记录。

2．检疫申报单和检疫工作记录保存期限不得少于12个月。

第四章　一类动物疫病的检疫

一、口蹄疫

口蹄疫是由口蹄疫病毒引起的偶蹄类动物（如猪、牛、羊、鹿等）的一种急性、热性、高度接触性人畜共患传染病。目前已知口蹄疫病毒在全世界有7个主型A、O、C、南非1、南非2、南非3和亚洲1型，以及65个以上亚型。O型口蹄疫为全世界流行最广的一个血清型。临床特征是在口腔黏膜、蹄部和乳房皮肤发生水疱性疹。该病具有感染动物种类多、传播速度快、传染性极强、引起的经济损失巨大等特点。世界动物卫生组织将口蹄疫列为必须报告的动物传染病，我国将其列为一类动物疫病。

（一）产地检疫和宰前检查

1．猪：潜伏期为2～3天，病猪出现发热、精神不振、食欲减退或废绝、流涎。蹄冠、蹄叉、蹄踵部出现水疱，水疱破裂后表面出血，形成暗红色烂斑，感染造成化脓、坏死、蹄壳脱落，卧地不起或跪行；鼻盘、口腔黏膜、舌、乳房出现水疱和糜烂等症状。妊娠母猪易流产，哺乳期间仔猪病死率高达100%。

2．牛：潜伏期为2～7天，最长2周左右。病牛体温升高到40～41℃，精神不振，采食、反刍停止。唇内、齿龈、舌面出现大小不等水疱，口角流涎增多，呈白色泡沫状。蹄间、蹄冠处皮肤红肿出现水疱，水疱破裂后表面溃疡、化脓、坏死、跛行，严重的蹄壳脱落、变形、卧地不起。乳头和乳房皮局部皮肤有时也出现水疱和烂斑。病牛多1～2周痊愈，若蹄部出现病理变化，病程延至2～3周或更长时间。犊牛病死率高达50%，孕牛发生流产。

3．羊：潜伏期为7天左右。羊对本病的易感性较低，临床症状与牛相似，但较轻微，病羊体温升高，唇内、齿龈、舌面出现水疱，水疱较少且很快消失。发病绵羊多在蹄部有水疱，山羊多在口腔有水疱。

（二）宰后检疫

瘤胃黏膜出现水疱和溃烂，尤其是肉柱部分浅褐色糜烂。胃肠有时出现出血性炎症。常见左心室内、外壁和室中隔甚至心肌表面发生明显脂肪变性和坏死，切面见黄白相间针尖大小的斑点和条纹，形色酷似虎斑，称为“虎斑心”。消化道可见水泡、溃疡。肺有气肿和水肿，腹部、胸部、肩胛部肌肉中淡黄色麦粒大小的坏死灶。

（三）实验室检测

1．间接夹心酶联免疫吸附试验，检测阳性。

2．RT-PCR试验，检测阳性。

3．反向间接血凝试验（RIHA），检测阳性。

4．病毒分离，鉴定阳性。

二、非洲猪瘟

非洲猪瘟是由非洲猪瘟病毒感染家猪和各种野猪（如非洲野猪、欧洲野猪等）引起的一种急性、热性、高度接触性传染病。以高热、网状内皮系统出血和高死亡率为特征。该病自1921年在肯尼亚首次报道，一直存在于撒哈拉以南的非洲国家。1957年先后，流传至西欧和拉美国家。2007年以来，非洲猪瘟在全球多个国家发生、扩散、流行。2018年开始，我国多地爆发非洲猪瘟疫情。根据临床症状和病程长短，分为最急性型、急性型、亚急性型和慢性型。猪（家猪和野猪）是非洲猪瘟病毒唯一的易感宿主，没有证据显示其他哺乳动物感染该病。自然感染潜伏期一般为5～9天，非洲猪瘟临床症状与猪瘟症状相似，只能依靠实验室监测确诊。世界动物卫生组织将非洲猪瘟列为法定报告的动物传染病，我国将其列为一类动物疫病。

（一）产地检疫和宰前检查

1．最急性型：病猪食欲不振、乏力且高烧41～42℃，无任何明显症状突然死亡，死亡率达100%。

2．急性型：体温可达42℃，沉郁，厌食，耳、四肢、腹部皮肤有出血点，可视黏膜潮红、发绀。眼、鼻有黏液脓性分泌物；呕吐；便秘，粪便表面有血液和黏液覆盖；或腹泻，粪便带血。共济失调或步态僵直，呼吸困难，病程延长则出现其他神经症状。妊娠母猪流产。病死率高达100%。病程4～10天。

3．亚急性型：症状与急性相同，但病情较轻，病死率较低。体温波动无规律，一般高于40.5℃。仔猪病死率较高。病程5～30天。

4．慢性型：波状热，呼吸困难，湿咳。消瘦或发育迟缓，体弱，毛色暗淡。关节肿胀，皮肤溃疡。死亡率低。病程2～15个月。

（二）宰后检疫

1．最急性型：无明显病理变化。

2．急性型和亚急性型：浆膜表面充血、出血，肾脏、肺脏表面有出血点，心内膜和心外膜有大量出血点，胃、肠道黏膜弥漫性出血。胆囊、膀胱出血。肺脏肿大，切面流出泡沫性液体，气管内有血性泡沫样黏液。脾大，易碎，呈暗红色至黑色，表面有出血点，边缘钝网，有时出现边缘梗死。颌下淋巴结、腹腔淋巴结肿大，严重出血。

3．慢性型：多表现为胸膜炎、胸膜粘连，纤维蛋白性心包炎，肺脏有干酪样坏死或钙化灶，淋巴结局部出血肿大。

（三）实验室检测

1．血清学检测

抗体检测可采用间接酶联免疫吸附试验、阻断酶联免疫吸附试验和间接荧光抗体试验等方法。血清学检测应在符合相关生物安全要求的省级动物疫病预防控制机构实验室、中国动物卫生与流行病学中心（国家外来动物疫病研究中心）或农业农村部指定实验室进行。

2．病原学检测

（1）病原学快速检测：可采用双抗体夹心酶联免疫吸附试验、聚合酶链式反应和实时荧光聚合酶链式反应等方法。开展病原学快速检测的样品必须灭活，检测工作应在符合相关生物安全要求的省级动物疫病预防控制机构实验室、中国动物卫生与流行病学中心（国家外来动物疫病研究中心）或农业农村部指定实验室进行。

（2）病毒分离鉴定：可采用细胞培养、动物回归试验等方法。

病毒分离鉴定工作应在中国动物卫生与流行病学中心（国家外来动物疫病研究中心）或农业农村部指定实验室进行，实验室生物安全水平必须达到BSL－3或ABSL－3。

三、高致病性禽流感

高致病性禽流感是由A型流感病毒引起的禽类烈性传染病。该病具有发病急、传播快、发病率和死亡率高等特征，对家禽业危害巨大。该病可感染人和其他哺乳动物，对人类健康构成持续威胁，可导致严重的经济损失和公共卫生危害。世界动物卫生组织将其列为必须报告的动物疫病，我国将其列为一类动物疫病。

（一）产地检疫和宰前检查

潜伏期从几小时到数天，最长可达21天。表现为突然死亡、高死亡率，饲料和饮水消耗量及产蛋量急剧下降，病鸡极度沉郁，头部和脸部水肿，鸡冠发绀、脚鳞出血和神经紊乱；鸭鹅等水禽有明显神经和腹泻症状，可出现角膜炎症，甚至失明。

（二）宰后检疫

气管弥漫性充血、出血，有少量黏液，肺部有炎性症状，腹腔有浑浊的炎性分泌物，肠道可见卡他性炎症，输卵管内有浑浊的炎性分泌物，卵泡充血、出血、萎缩、破裂，有的可见卵黄性腹膜炎，胰腺边缘有出血、坏死，心冠及腹部脂肪出血；腺胃肌胃交界处可见带状出血，腺胃乳头可见出血，盲肠扁桃体肿大出血，直肠黏膜及泄殖腔出血。急性死亡家禽有时无明显剖检变化。

（三）实验室检测

1. 血清学检测

采用HI试验，检测血清中H5或H7亚型禽流感病毒血凝素抗体。HI抗体水平≥24，结果判定为阳性。

2. 病原学检测

（1）病原学快速检测。采用反转录–聚合酶链式反应（RT–PCR）或实时荧光定量RT–PCR等方法。

（2）血凝素基因裂解位点序列测定。对血凝素基因裂解位点的核苷酸序列进行测定，与高致病性禽流感病毒基因序列比对。

（3）病毒分离与鉴定。采用鸡胚接种或细胞培养分离鉴定病毒。从事高致病性禽流感病毒分离鉴定，必须经农业农村部批准。

四、小反刍兽疫

小反刍兽疫，也称“羊瘟”，是由副黏病毒科麻疹病毒属小反刍兽疫病毒引起的以发热、口炎、腹泻、肺炎为特征的急性接触性传染病。山羊和绵羊是该病唯一的自然宿主，山羊比绵羊更易感，且临床症状比绵羊严重。山羊不同品种的易感性有差异。1942年，首次在西非科特迪瓦发现后，疫情一直呈扩散蔓延趋势，已扩散到亚、非地区的40多个国家，对全球养羊业形成巨大威胁。2007年7月，小反刍兽疫首次传入我国。世界动物卫生组织将其列为法定报告动物疫病，我国将其列为一类动物疫病。

（一）产地检疫和宰前检查

山羊临床症状比较典型，绵羊症状一般较轻微。病羊突然发热，第2～3天体温达40～42℃高峰，发热持续3天左右，死亡多集中在发热后期。病初有水样鼻液，此后变成大量黏脓性卡他样鼻液，阻塞鼻孔造成呼吸困难。鼻内膜发生坏死。眼流分泌物，遮住眼睑，出现眼结膜炎。发热症状出现后，病羊口腔内膜轻度充血，继而出现糜烂。初期多在下齿龈周围出现小面积坏死，严重病例迅速扩展到齿垫、硬腭、颊和颊乳头以及舌，坏死组织脱落形成不规则的浅糜烂斑。部分病羊口腔病变温和，并可在48小时内愈合，这类病羊可很快康复。多数病羊发生严重腹泻或下痢，造成迅速脱水和体重下降。怀孕母羊可发生流产。易感羊群发病率通常在60%以上，病死率50%以上。特急性病例发热后突然死亡，无其他症状，在剖检时可见支气管肺炎和回盲肠瓣充血。

（二）宰后检疫

1. 口腔和鼻腔黏膜糜烂坏死。

2. 支气管肺炎，肺尖肺炎。

3. 有时可见坏死性或出血性肠炎，盲肠、结肠近端和直肠出现特征性条状充血、出血，呈斑马状条纹。

4. 有时可见淋巴结特别是肠系膜淋巴结水肿，脾大并可出现坏死病变。

5. 组织学上可见肺部组织出现多核巨细胞以及细胞内嗜酸性包含体。

（三）实验室检测

检测活动必须在生物安全3级以上实验室进行。

1. 病原学检测

（1）病料可采用病羊口鼻棉拭子、淋巴结或血沉棕黄层。

（2）可采用细胞培养法分离病毒，也可直接对病料进行检测。

（3）病毒检测可采用反转录聚合酶链式反应（RT-PCR）结合核酸序列测定，亦可采用抗体夹心ELISA。

2. 血清学检测

（1）采用小反刍兽疫单抗竞争ELISA检测法。

（2）间接ELISA抗体检测法。

第五章　二类动物疫病的检疫

一、狂犬病

狂犬病是由弹状病毒科狂犬病毒属狂犬病毒引起的人畜共患烈性传染病。人和温血动物对狂犬病毒都有易感性，犬科、猫科动物最易感。发病动物和带毒动物是狂犬病的主要传染源，这些动物的唾液中含有大量病毒。本病主要通过患病动物咬伤、抓伤而感染，动物亦可通过皮肤或黏膜损伤处接触发病或带毒动物的唾液感染。该病的潜伏期一般为6个月，短的为10天，长的一年以上。世界动物卫生组织将其列为B类动物疫病，我国将其列为二类动物疫病。

（一）产地检疫

特征为狂躁不安、意识紊乱，死亡率可达100%。一般分为两种类型，即狂暴型和麻痹型。

1. 犬

（1）狂暴型：可分为前驱期、兴奋期和麻痹期。

前驱期：此期约为半天到两天。病犬精神沉郁，常躲在暗处，不愿和人接近或不听呼唤，强迫牵引则咬畜主；食欲反常，喜吃异物，喉头轻度麻痹，吞咽时颈部伸展；瞳孔散大，反射机能亢进，轻度刺激即易兴奋，有时望空捕咬；性欲亢进，嗅舔自己或其他犬的性器官，唾液分泌逐渐增多，后躯软弱。

兴奋期：此期约2~4天。病犬高度兴奋，表现狂暴并常攻击人、动物，狂暴发作往往和沉郁交替出现。病犬疲劳时卧地不动，但不久又立起，表现一种特殊的斜视惶恐表情，当再次受到外界刺激时，又出现一次新的发作。狂乱攻击，自咬四肢、尾及阴部等。随病势发展，陷于意识障碍，反射紊乱，狂咬；动物显著消瘦，吠声嘶哑，眼球凹陷，散瞳或缩瞳，下颌麻痹，流涎和夹尾等。

麻痹期：约1~2天。麻痹急剧发展，下颌下垂，舌脱出口外，流涎显著，不久后躯及四肢麻痹，卧地不起，最后因呼吸中枢麻痹或衰竭而死。整个病程为6~8天，少数病例可延长到10天。

（2）麻痹型该型兴奋期很短或只有轻微兴奋表现即转入麻痹期。

多表现为喉头、下颌、后躯麻痹、流涎、张口、吞咽困难和恐水等，经2~4天死亡。

2．猫

一般呈狂暴型，症状与犬相似，但病程较短，出现症状后2~4天死亡。在发病时常蜷缩在阴暗处，受刺激后攻击其他猫、动物和人。

3．其他动物

牛、羊、猪、马等动物发生狂犬病时，多表现为兴奋、性亢奋、流涎和具有攻击性，最后麻痹衰竭致死。

（二）实验室检测

1．免疫荧光试验。

2．小鼠和细胞培养物感染试验。

3．反转录聚合酶链式反应检测（RT–PCR）。

4．内基氏小体（包涵体）检查。

二、布鲁氏菌病

布鲁氏菌病，简称“布病”，是由布鲁氏菌属细菌引起的人畜共患的常见传染病。布鲁氏菌是一种细胞内寄生的病原菌，主要侵害动物的淋巴系统和生殖系统。人和多种动物对布鲁氏菌易感，动物中羊、牛、猪的易感性最强。母畜比公畜、成年畜比幼年畜发病多。在母畜中，第一次妊娠母畜发病较多。带菌动物，尤其是病畜、流产胎儿、胎衣是主要传染源。消化道、呼吸道、生殖道是主要的感染途径，也可通过损伤的皮肤、黏膜等感染。常呈地方性流行。人主要通过皮肤、黏膜和呼吸道感染。世界动物卫生组织将其列为B类动物疫病，我国将其列为二类动物疫病。

（一）产地检疫和宰前检查

潜伏期一般为14~180天。最显著症状是怀孕母畜发生流产，流产后可能发生胎衣滞留和子宫内膜炎，从阴道流出污秽不洁、恶臭的分泌物。新发病的畜群流产较多。老疫区畜群发生流产的较少，但发生子宫内膜炎、乳房炎、关节炎、胎衣滞留、久配不孕的较多。公畜往往发生睾丸炎、附睾炎或关节炎。

（二）宰后检疫

主要病变为生殖器官的炎性坏死，脾、淋巴结、肝、肾等器官形成特征性肉芽肿（布病结节）。有的可见关节炎。胎儿主要呈败血症病变，浆膜和黏膜有出血点和出血斑，皮下结缔组织发生浆液性、出血性炎症。

（三）实验室检测

1．病原学诊断

（1）显微镜检查

采集流产胎衣、绒毛膜水肿液、肝、脾、淋巴结、胎儿胃内容物等组织，制成抹片，用柯兹罗夫斯基染色法染色，镜检，布鲁氏菌为红色球杆状小杆菌，而其他菌为蓝色。

（2）分离培养

新鲜病料可用胰蛋白标琼脂斜面或血液琼脂斜面、肝汤琼脂斜面、3%甘油0.5%葡萄糖肝汤琼脂斜面等培养基培养；若为陈旧病料或传染病料，可用选择性培养基培养。培养时，一份在普通条件下，另一份放于含有5%~10%二氧化碳的环境中，37℃培养7~10天，然后进行菌落特征检查和单价特异性抗血清凝集试验。为使防治措施有更好的针对性，还需做种型鉴定。

如病料被污染或含菌极少时，可将病料用生理盐水稀释5~10倍，健康豚鼠腹腔内注射0.1~0.3mL/只。如果病料腐败时，可接种于豚鼠的股内侧皮下。接种后4~8周，将豚鼠扑杀，从肝、脾分离培养布鲁氏菌。

2．血清学诊断

（1）虎红平板凝集试验（RBPT）。

（2）全乳环状试验（MRT）。

（3）试管凝集试验（SAT）。

（4）补体结合试验（CFT）。

三、炭疽

炭疽是由炭疽芽孢杆菌引起的一种人畜共患传染病。各种家畜、野生动物及人对该病都有不同程度的易感性。草食动物最易感，其次是杂食动物，再次是肉食动物，家禽一般不感染。人也易感。患病动物和因炭疽而死亡的动物尸体以及污染的土壤、草地、水、饲料都是该病的主要传染源，炭疽芽孢对环境具有很强的抵抗力，被其污染的土壤、水源及场地可形成持久的疫源地。该病主要经消化道、呼吸道和皮肤感染。该病呈地方性流行，有一定的季节性，多发生在吸血昆虫多、雨水多、洪水泛滥的季节。世界动物卫生组织将其列为必须报告的动物疫病，我国将其列为二类动物疫病。

（一）产地检疫和宰前检查

该病主要呈急性经过，多以突然死亡、天然孔出血、尸僵不全为特征。

牛：体温升高常在41℃以上，可视黏膜呈暗紫色，心动过速、呼吸困难。呈慢性经过的病牛，在颈、胸前、肩胛、腹下或外阴部常见水肿；皮肤病灶温度增高，坚硬，有压痛，也可发生坏死，有时形成溃疡；颈部水肿常与咽炎和喉头水肿相伴发生，致使呼吸困难加重。急性病例一般经24~36小时后死亡，亚急性病例一般经2~5天后死亡。

马：体温升高，腹下、乳房、肩及咽喉部常见水肿。舌炭疽多见呼吸困难、发绀；肠炭疽腹痛明显。急性病例一般经24~36小时后死亡，有炭疽痈时，病程可达3~8天。

羊：多表现为最急性（猝死）病症，摇摆、磨牙、抽搐，挣扎、突然倒毙，有的可见从天然孔流出带气泡的黑红色血液。病程稍长者也只持续数小时后死亡。

猪：多为局限性变化，呈慢性经过，临床症状不明显，常在宰后见病变。

犬和其他肉食动物临床症状不明显。

（二）宰后检疫

严禁在非生物安全条件下进行疑似患病动物、患病动物的尸体剖检。

主要病变为可视黏膜发绀、出血。血液呈暗紫红色，凝固不良，黏稠似煤焦油状。皮下、肌间、咽喉等部位有浆液性渗出及出血。淋巴结肿大、充血，切面潮红。脾脏高度肿胀，达正常数倍，脾髓呈黑紫色。

（三）实验室检测

1. 炭疽的病原分离及鉴定。

2. 炭疽沉淀反应。

3．聚合酶链式反应（PCR）。

四、蓝舌病

蓝舌病是由蓝舌病病毒引起的一种主发于绵羊的传染病。该病以发热、颊黏膜和胃肠道黏膜严重的卡他性炎症为特征，病羊乳房和蹄部也常出现病变，且常因蹄真皮层遭受侵害而发生跛行。蓝舌病主要通过吸血昆虫传播，反刍类动物感染蓝舌病的死亡率平均为30%，其中绵羊的发病死亡率高达80%。目前，蓝舌病已被国际流行病学会列为15种A类动物流行病之一，我国将其列为二类动物疫病。

（一）产地检疫和宰前检查

潜伏期为3~10天。病初体温升高达40.5~41.5℃，稽留5~6天。表现厌食，委顿，流涎，口唇水肿，蔓延到面部和耳部，甚至颈部、腹部。口腔黏膜充血、发绀呈青紫色。发热几天后，口、唇、齿龈、颊、舌黏膜发生溃疡、糜烂，致使吞咽困难。继发感染引起坏死及口腔恶臭。鼻分泌物初为浆液性后为黏脓性，常带血，结痂于鼻孔四周，引起呼吸困难和鼾声，鼻黏膜和鼻镜糜烂出血。有的病例蹄冠、蹄叶发炎，触之敏感、疼痛，出现跛行，甚至膝行或卧地不动。病羊消瘦、衰弱，有的便秘或腹泻，有的下痢带血，病程6~14天，3~4周后羊毛变粗变脆。发病率为30%~40%，病死率为2%~3%，有时并发肺炎或胃肠炎，死亡率可高达90%。患病不死的经过10~15天痊愈，6~8周后蹄部也恢复。怀孕4~8周的母羊遭感染时，其分娩的羔羊中约有20%发育有缺陷，如脑积水、小脑发育不足、回沟过多等。山羊的症状与绵羊相似，但一般较为轻微。

（二）宰后检疫

病羊在口腔、瘤胃、心脏、肌肉、皮肤和蹄部呈现糜烂出血点、溃疡和坏死。唇内侧、牙床、舌侧、舌尖、舌面表皮脱落、皮下组织充血及胶样浸润。乳房和蹄冠等部位上皮脱落但不发生水泡，蹄部有蹄叶炎变化，并常溃烂。肺泡和肺间质严重水肿，肺严重充血。脾脏轻微肿大，被膜下出血，淋巴结水肿，外观苍白。骨骼肌严重变性和坏死，肌间有清亮液体浸润，呈胶样外观。绵羊的舌发绀如蓝舌头。瘤胃有暗红色区，表面上皮形成空泡变性和死亡。真皮充血、出血和水肿。肌肉出血，肌间有浆液和胶冻样浸润。心内外膜、心肌、呼吸道和泌尿道黏膜小点状出血。肺动脉基部有时可见明显的出血，出血斑直径2~15毫米。

（三）实验室检测

1. 补体结合试验。

2. 琼脂扩散试验。

3. 免疫荧光抗体检查。

五、牛结节性皮肤病

牛结节性皮肤病是由痘病毒科山羊痘病毒属牛结节性皮肤病病毒引起的牛全身性感染疫病。临床以皮肤出现结节为特征，主要通过吸血昆虫（蚊、蝇、蠓、虻、蜱等）叮咬传播。可通过相互舔舐传播，摄入被污染的饲料和饮水也会感染该病，共用污染的针头也会导致在群内传播。感染公牛的精液中带有病毒，可通过自然交配或人工授精传播。潜伏期为28天。该病主要发生于血吸虫媒活跃季节。发病率可达2%~45%。病死率一般低于10%。该病不传染人，不是人畜共患病。世界动物卫生组织将其列为法定报告的动物疫病，我国暂时将其作为二类动物疫病管理。

（一）产地检疫和宰前检查

临床表现差异很大，跟动物的健康状况和感染的病毒量有关。体温升高，可达41℃，可持续1周。浅表淋巴结肿大，特别是肩前淋巴结肿大。奶牛产奶量下降。精神消沉，不愿活动。眼结膜炎，流鼻涕，流涎。发热后48小时皮肤上会出现直径10~50毫米的结节，以头、颈、肩部、乳房、外阴、阴囊等部位居多。结节可能破溃，吸引蝇蛆，反复结痂，迁延数月不愈。口腔黏膜出现水泡，继而溃破和糜烂。牛的四肢及腹部、会阴等部位水肿，导致牛不愿意活动。公牛可能暂时或永久性不育。怀孕母牛流产，发情延迟可达数月。牛结节性皮肤病与牛疱疹病毒病、伪牛痘、疥螨病等临床症状相似，需开展实验室检测进行鉴别诊断。

（二）宰后检疫

消化道和呼吸道内表面有结节病变。淋巴结肿大，出血。心脏肿大，心肌外表充血、出血，呈现斑块状瘀血。肺脏肿大，有少量出血点。肾脏表面有出血点。气管黏膜充血，气管内有大量黏液。肝脏肿大，边缘钝圆。胆囊肿大，为正常2~3倍，外壁有出血斑。脾大，质地变硬，有出血状况。胃黏膜出血。小肠弥漫性出血。

（三）实验室检测

1．抗体检测

采集全血分离血清用于抗体检测，可采用病毒中和试验、酶联免疫吸附试验等方法。

2．病原检测

采集皮肤结痂、口鼻拭子、抗凝血等用于病原检测。

（1）病毒核酸检测：可采用荧光聚合酶链式反应、聚合酶链式反应等方法。

（2）病毒分离鉴定：可采用细胞培养分离病毒、动物回归试验等方法。

六、牛结核病

牛结核病是由牛型结核分枝杆菌引起的一种人畜共患的慢性传染

病。奶牛最易感，其次为水牛、黄牛、牦牛。人也可被感染。结核病病牛是该病的主要传染源。牛型结核分枝杆菌随鼻汁、痰液、粪便和乳汁等排出体外，健康牛可通过被污染的空气、饲料、饮水等经呼吸道、消化道等途径感染。潜伏期一般为3~6周，有的可长达数月或数年。我国将其列为二类动物疫病。

（一）产地检疫和宰前检查

临床通常呈慢性经过，以肺结核、乳房结核和肠结核较为常见。

肺结核：以长期顽固性干咳为特征，且以清晨最为明显。患畜容易疲劳，逐渐消瘦，病情严重者可见呼吸困难。

乳房结核：一般先是乳房淋巴结肿大，继而后方乳腺区发生局限性或弥漫性硬结，硬结无热无痛，表面凹凸不平。泌乳量下降，乳汁变稀，严重时乳腺萎缩，泌乳停止。

肠结核：消瘦，持续下痢与便秘交替出现，粪便常带血或脓汁。

（二）宰后检疫

在肺脏、乳房和胃肠黏膜等处形成特异性白色或黄白色结节。结节大小不一，切面干酪样坏死或钙化，有时坏死组织溶解和软化，排出后形成空洞。胸膜和肺膜可发生密集的结核结节，形如珍珠状。

（三）实验室检测

1．病原学诊断

采集病牛的病灶、痰、尿、粪便、乳及其他分泌物样品，做抹片或集菌处理后抹片，用抗酸染色法染色镜检，并进行病原分离培养和动物接种等试验。

2．免疫学试验

牛型结核分枝杆菌PPD（提纯蛋白衍生物）皮内变态反应试验（即牛提纯结核菌素皮内变态反应试验）。

七、牛传染性鼻气管炎

牛传染性鼻气管炎又称“红鼻病”“坏死性鼻炎”“牛媾疫”，是由牛传染性鼻气管炎病毒引起的牛的一种急性、热性、接触性呼吸道传染病。该病主要感染牛，尤以肉牛较为多见，其次是奶牛，各种年龄及不同品种的牛均能感染发病。肉用牛群发病率可高达75%，其中以20~60日龄犊牛最易感，病死率较高。我国将其列为二类动物疫病。

（一）产地检疫和宰前检查

本病主要有6种临床类型。

1. 呼吸道型

较为常见的一种类型。病牛高热在40℃以上，咳嗽，呼吸困难，流泪，流涎，流黏液脓性鼻液。鼻黏膜高度充血，有散在的灰黄小脓疱或浅而小的溃疡。鼻镜发炎充血，呈火红色，故有“红鼻子病”之称。病程7~10天，以犊牛症状急而重，常因窒息或继发感染而死亡。死后主要病变为鼻道、喉头和气管炎性水肿，黏膜表面黏附灰色假膜。

2. 结膜角膜型

多与上呼吸道炎症合并发生。轻者结膜充血，眼睑水肿，大量流泪。重者眼睑外翻，结膜表面出现灰色假膜，呈颗粒状外观，角膜轻度云雾状，流黏液脓性眼眵。

3. 生殖器型

主要见于性成熟的牛，多由交配而传染。母牛患该病型，又称“传染性脓疱性外阴阴道炎”。病牛尾巴竖起挥动，尿频，阴门流黏液脓性分泌物，外阴和阴道黏膜充血肿胀，散在灰黄色粟粒大的脓疱，严重时黏膜表面覆灰色假膜，并形成溃疡，甚至发生子宫内膜炎。公牛患该病型，又称“传染性脓疱性包皮龟头炎”。病牛龟头、包皮内层和阴茎充血，形成小脓包，并成溃疡。同时，多数病牛精囊腺变性、坏死，种公牛失去配种能力，或康复后长期带毒。

4. 流产不孕型

如果是妊娠牛，可在呼吸道和生殖器症状出现后的1～2个月内流产，也有突然流产的。如果是非妊娠牛，则可因卵巢功能受损害导致短期内不孕。流产胎儿的肝、脾脏有局部坏死，有时皮肤有水肿。

5. 脑膜脑炎型

仅见于犊牛，在出现呼吸道症状的同时伴有神经症状，表现沉郁或兴奋，视力障碍，共济失调，甚至倒地，惊厥抽搐，角弓反张，病灶呈非化脓性脑炎变化，病程1周左右，病死率在50%以上。

6. 肠炎型

见于2～3周龄的犊牛，在发生呼吸道症状的同时出现腹泻甚至排血便的症状，病死率在20%～80%。

（二）宰后检疫

剖检变化表现为脑膜炎，鼻、口腔黏膜溃疡及出血性肠炎。尸体消瘦，尸僵完全。血液浓稠。鼻镜、齿龈有溃疡，齿龈潮红、肿胀，鼻黏膜潮红、肿胀，有溃疡，鼻甲骨呈一致红色，有溃疡，会厌软骨出血，有溃疡，溃疡边缘不齐，上覆盖有灰污色的假膜。气管、支气管黏膜红色，呈条状充血与出血。有的病牛鼻腔内积有纤维素粒状物，肺瘀血，水肿，脑膜下血管怒张，充血，水肿，实质肿胀，真胃、小肠黏膜脱落，黏膜下一致红色。脑血管扩张，血管内集有大量红细胞，血管周围水肿，空隙增大。脑细胞肿胀，变性溶解。肺细支气管内集有大量红细胞，间质充血。肝细胞变性、坏死溶解，间质出血，汇管区叶小静脉高度扩张，内集有大量红细胞。心肌颗粒变性、坏死、间质出血。肾血管结构不清，变性、坏死、溶解而形成空洞，间质出血。

（三）实验室检测

根据病史及临床症状，可初步诊断。确诊该病要进一步做病毒分离，通常用灭菌棉棒采取病牛的鼻液、泪液、阴道黏液、包皮内液或者精液进行病毒分离和鉴定；也可进行酶联免疫吸附试验，直接检测病料中的病毒抗原。

八、绵羊痘和山羊痘

绵羊痘和山羊痘分别是由痘病毒科羊痘病毒属的绵羊痘病毒、山羊痘病毒引起的绵羊和山羊的急性热性接触性传染病。病羊是主要的传染源，主要通过呼吸道感染，也可通过损伤的皮肤或黏膜侵入机体。饲养和管理人员，以及被污染的饲料、垫草、用具、皮毛产品和体外寄生虫等均可成为传播媒介。在自然条件下，绵羊痘病毒只能使绵羊发病，山羊痘病毒只能使山羊发病。本病传播快、发病率高，不同品种、性别和年龄的羊均可感染，羔羊较成年羊易感，细毛羊较其他品种的羊易感，粗毛羊和土种羊有一定的抵抗力。该病一年四季均可发生，我国多发于冬春季节。该病一旦传播到无该病地区，易造成流行。潜伏期为21天。世界动物卫生组织将其列为必须报告的动物疫病，我国将其列为二类动物疫病。

（一）产地检疫和宰前检查

1．典型病例：病羊体温升至40℃以上，2～5天后在皮肤上可见明显的局灶性充血斑点，随后在腹股沟、腋下和会阴等部位，甚至全身，出现红斑、丘疹、结节、水泡，严重的可形成脓包。欧洲某些品种的绵羊在皮肤出现病变前可发生急性死亡。某些品种的山羊可见大面积出血性痘疹和大面积丘疹，可引起死亡。

2．非典型病例：一过型羊痘仅表现轻微症状，不出现或仅出现少量痘疹，呈良性经过。

（二）宰后检疫

咽喉、气管、肺、胃等部位有特征性痘疹，严重的可形成溃疡和出血性炎症。真皮充血，浆液性水肿和细胞浸润。炎性细胞增多，主要是嗜中性粒细胞和淋巴细胞。表皮的棘细胞肿大、变性、胞浆空泡化。

（三）实验室检测

1. 病原学诊断

电镜检查和包涵体检查。

2. 血清学诊断

中和试验。

九、山羊传染性胸膜肺炎

羊传染性胸膜肺炎，又称“羊支原体性肺炎”“烂肺病”，是由丝状支原体引起羊的一种常见病害。病羊临诊特征为高热、咳嗽，肺和胸膜发生浆液性和纤维素性炎症，呈急性和慢性经过，病死率很高。世界动物卫生组织将其列为B类传染病，我国将其列为二类动物疫病。

（一）产地检疫和宰前检查

根据病程和临床症状，可分为最急性、急性和慢性。

1. 最急性：病初体温增高，可达41～42℃，极度萎靡，食欲废绝，呼吸急促而有痛苦的叫声，数小时后出现肺炎症状，呼吸困难，咳嗽，并流浆液带血鼻液，肺部叩诊呈浊音或实音，听诊肺泡呼吸音减弱、消失或呈捻发音。12～36小时内，渗出液充满肺并进入胸腔，病羊卧地不起，四肢直伸，呼吸极度困难，每次呼吸则全身颤动；黏膜高度充血，发绀；目光呆滞，不久窒息死亡。病程一般不超过4～5天，有的仅12～24小时。

2. 急性型：最常见。病初体温升高，继之出现短而湿的咳嗽，伴有浆性鼻涕。4～5天后，咳嗽变干而痛苦，鼻液转为黏液、脓性并呈铁锈色，附于鼻孔和上唇，结成干枯的棕色痂垢。多在一侧出现胸膜肺炎变化，叩诊有实音区，听诊呈支气管呼吸音和摩擦音，按压胸壁表现敏感，疼痛。高热稽留不退，食欲锐减，呼吸困难和痛苦呻吟，眼睑肿胀，流泪或有黏液、脓性眼屎。口半开张，流泡沫状唾液。头颈伸直，腰背拱起，腹肋紧缩，孕羊大批（70%～80%）发生流产。最后病羊倒卧，极度衰弱萎靡，有的发生臌胀和腹泻，甚至口腔中发生溃烂，唇、乳房等部皮肤出现丘疹，濒死前体温降至常温以下，病期多为7–15天，有的1个月左右。

3．慢性型：多见于夏季。全身症状轻微，体温40℃左右。病羊间有咳嗽和腹泻，鼻涕时有时无，身体衰弱，被毛粗乱无光。在此期间如饲养管理不良，与急性病例接触或机体抵抗力由于种种原因而降低时，很容易复发或出现并发症而迅速死亡。

（二）宰后检疫

一般表现在胸部，胸腔有淡黄色液体，小叶间质和胸膜等处有纤维素性渗出物；肝变区明显，颜色由红至灰色不等，切面呈大理石样；胸膜变厚而粗糙，表面有黄白色纤维素层附着；肺隔叶有水肿，斑点状出血；心包发生粘连，且有积液，心肌松弛、变软；淋巴结肿大、出血；急性病例还可见肝、脾肿大，胆囊肿胀，喉头、气管和支气管有出血点，肾肿大和膜下小点溢血。

（三）实验室检测

需要进行病原分离鉴定和血清学试验，采集病变组织和胸腔渗出液进行实验室诊断。进行细菌培养可发现多种形态的革兰氏阴性菌，再进行生化试验，查看发酵结果是否产生硫化氢。血清学试验可用补体结合反应，多用于慢性病例，采集病羊的血样，进行间接血凝试验，结果呈现阳性。综合上述诊断结果确诊为羊传染性胸膜肺炎。

十、马传染性贫血

马传染性贫血（EIA）是由反转录病毒科慢病毒属马传贫病毒引起

的马属动物传染病。该病只感染马属动物，其中，马最易感，骡、驴次之，且无品种、性别、年龄的差异。病马和带毒马是主要传染源。主要通过虻、蚊、刺蝇及蠓等吸血昆虫的叮咬而传染，也可通过病毒污染的器械等传播。多呈地方性流行或散发，以7～9月发生较多。在流行初期多呈急性型经过，致死率较高，以后呈亚急性或慢性经过。本病潜伏期长短不一，一般为20～40天，最长可达90天。我国将其列为二类动物疫病。

（一）产地检疫和宰前检查

根据临床特征，常分为急性、亚急性、慢性和隐性 4 种类型。

急性型：高热稽留。发热初期，可视黏膜潮红，轻度黄染；随病程发展逐渐变为黄白至苍白；在舌底、口腔、鼻腔、阴道黏膜及眼结膜等处，常见鲜红色至暗红色出血点（斑）等。

亚急性型：呈间歇热。一般发热在39℃以上，持续3～5天退热至常温，经3～15天间歇期又复发。有的患病马属动物出现温差倒转现象。

慢性型：不规则发热，但发热时间短。病程可达数月或数年。

隐性型：无可见临床症状，体内长期带毒。

（二）宰后检疫

急性型：主要表现败血性变化，可视黏膜、浆膜出现出血点（斑），尤其以舌下、齿龈、鼻腔、阴道黏膜、眼结膜、回肠、盲肠和大结肠的浆膜、黏膜以及心内外膜尤为明显。肝、脾肿大，肝切面呈现特征性槟榔状花纹。肾显著增大，实质浊肿，呈灰黄色，皮质有出血点。心肌脆弱，呈灰白色煮肉样，并有出血点。全身淋巴结肿大，切面多汁，并常有出血。

亚急性和慢性型：主要表现贫血、黄染和细胞增生性反应。脾中（轻）度肿大，坚实，表面粗糙不平，呈淡红色。有的脾萎缩，切面小梁及滤泡明显。淋巴小结增生，切面有灰白色粟粒状突起。不同程度的肝肿大，呈土黄或棕红色，质地较硬，切面呈豆蔻状花纹（豆蔻肝）。管状骨有明显的红髓增生灶。

（三）实验室检测

1. 马传贫琼脂扩散试验（AGID）。

2. 马传贫酶联免疫吸附试验（ELISA）。

3. 马传贫病原分离鉴定。

十一、马鼻疽

马鼻疽是由假单胞菌科假单胞菌属的鼻疽假单胞菌感染引起的一种人畜共患传染病。以马属动物最易感，人和其他动物如骆驼、犬、猫等也可感染。鼻疽病马以及患鼻疽的其他动物均为该病的传染源。自然感染主要通过与病畜接触，经消化道或损伤的皮肤、黏膜及呼吸道传染。该病无季节性，多呈散发或地方性流行。在初发地区，多呈急性、暴发性流行；在常发地区多呈慢性经过。潜伏期为6个月。我国将其列为二类动物疫病。

（一）产地检疫和宰前检查

临床上常分为急性型和慢性型。

急性型：病初表现体温升高，呈不规则热（39～41℃）和颌下淋巴结肿大等全身性变化。肺鼻疽主要表现为干咳，肺部可出现半浊音、浊音和不同程度的呼吸困难等症状；鼻腔鼻疽可见一侧或两侧鼻孔流出浆液、黏液性脓性鼻汁，鼻腔黏膜上有小米粒至高粱米粒大的灰白色圆形结节突出黏膜表面，周围绕以红晕，结节坏死后形成溃疡，边缘不整，隆起如堤状，底面凹陷呈灰白色或黄色；皮肤鼻疽常于四肢、胸侧和腹下等处发生局限性有热有痛的炎性肿胀并形成硬固的结节。结节破溃排出脓汁，形成边缘不整、喷火口状的溃疡，底部呈油脂样，难以愈合。结节常沿淋巴管径路向附近组织蔓延，形成念珠状的索肿。后肢皮肤发生鼻疽时可见明显肿胀变粗。

慢性型：临床症状不明显，有的可见一侧或两侧鼻孔流出灰黄色脓性鼻汁，在鼻腔黏膜常见有糜烂性溃疡，有的在鼻中隔形成放射状斑痕。

（二）宰后检疫

主要为急性渗出性和增生性变化。渗出性为主的鼻疽病变见于急性鼻疽或慢性鼻疽的恶化过程中。增生性为主的鼻疽病变见于慢性鼻疽。

肺鼻疽：鼻疽结节大小如粟粒，高粱米及黄豆大，常发生在肺膜面下层，呈半球状隆起于表面，有的散布在肺深部组织，也有的密布于全肺，呈暗红色、灰白色或干酪样。

鼻腔鼻疽：鼻中隔多呈典型的溃疡变化。溃疡数量不一，散在或成群，边缘不整，中央像喷火口，底面不平呈颗粒状。鼻疽结节呈黄白色，粟粒呈小豆大小，周围有晕环绕。鼻疽斑痕的特征是呈星芒状。

皮肤鼻疽：初期表现为沿皮肤淋巴管形成硬固的念珠状结节。多见于前驱及四肢，结节软化破溃后流出脓汁，形成溃疡，溃疡有堤状边缘和油脂样底面，底面覆有坏死性物质或呈颗粒状肉芽组织。

（三）实验室检测

1. 变态反应诊断

变态反应诊断方法有鼻疽菌素点眼法、鼻疽菌素皮下注射法、鼻疽菌素眼睑皮内注射法，常用鼻疽菌素点眼法。

2. 鼻疽补体结合反应试验

该方法为较常用的辅助诊断方法，用于区分鼻疽阳性马属动物的类型，可检出大多数活动性患畜。

十二、猪瘟

猪瘟是由黄病毒科瘟病毒属猪瘟病毒引起的一种高度接触性、出血性和致死性传染病。猪是该病唯一的自然宿主，发病猪和带毒猪是传染源，不同年龄、性别、品种的猪均易感，一年四季均可发生。感染猪在发病前即能通过分泌物和排泄物排毒，并持续整个病程。与感染猪直接接触是该病传播的主要方式，病毒也可通过精液、胚胎、猪肉和泔水等传播，人、其他动物如鼠类和昆虫、器具等均可成为重要传播媒介。感染和带毒母猪在怀孕期可通过胎盘将病毒传播给胎儿，导致新生仔猪发病或产生免疫耐受。本病潜伏期为3～10天，隐性感染可长期带毒。世界动物卫生组织将其列为必须报告的动物疫病，我国将其列为二类动物疫病。

（一）产地检疫和宰前检查

根据临床症状可将本病分为急性、亚急性、慢性和隐性感染 4 种类型。典型症状：发病急、死亡率高。体温通常升至41℃以上，厌食，畏寒，先便秘后腹泻，或便秘和腹泻交替出现。腹部皮下、鼻镜、耳尖、四肢内侧均可出现紫色出血斑点，指压不褪色，眼结膜和口腔黏膜可见出血点。

（二）宰后检疫

淋巴结水肿、出血，呈现大理石样变。肾脏呈土黄色，表面可见针尖状出血点。全身浆膜、黏膜和心脏、膀胱、胆囊、扁桃体均可见出血点和出血斑，脾脏边缘出现梗死灶。脾不肿大，边缘有暗紫色突出表面的出血性梗死。慢性猪瘟在回肠末端、盲肠和结肠常见“纽扣状”溃疡。

（三）实验室检测

1．病原分离与鉴定

（1）病原分离、鉴定可用细胞培养法。

（2）病原鉴定也可采用猪瘟荧光抗体染色法，细胞质出现特异性的荧光。

（3）兔体交互免疫试验。

（4）猪瘟病毒反转录聚合酶链式反应（RT–PCR）。

（5）猪瘟抗原双抗体夹心ELISA检测法。

2. 血清学检测

（1）猪瘟病毒抗体阻断ELISA检测法。

（2）猪瘟荧光抗体病毒中和试验。

（3）猪瘟中和试验方法。

十三、猪繁殖与呼吸综合征

猪繁殖与呼吸综合征，俗称“蓝耳病”，是由猪繁殖与呼吸综合征病毒变异株引起的一种急性高致死性疫病。各种品种、不同年龄和用途的猪均可感染，但以妊娠母猪和1月龄以内的仔猪最易感，育肥猪也可发病死亡。我国将其列为二类动物疫病。

（一）产地检疫和宰前检查

体温明显升高，可达41℃以上；眼结膜炎、眼睑水肿；咳嗽、气喘等呼吸道症状；部分猪后躯无力、不能站立或共济失调等神经症状。仔猪发病率可达100%、死亡率50%以上，母猪流产率30%以上，成年猪也可发病死亡。

（二）宰后检疫

可见脾脏边缘或表面出现梗死灶，显微镜下见出血性梗死；肾脏呈土黄色，表面可见针尖至小米粒大出血点、出血斑，皮下、扁桃体、心脏、膀胱、肝脏和肠道均可见出血点和出血斑。显微镜下见肾间质性炎，心脏、肝脏和膀胱出血性、渗出性炎等病变；部分病例可见胃肠道出血、溃疡、坏死。

（三）实验室检测

1. 猪繁殖与呼吸综合征病毒分离鉴定。

2．猪繁殖与呼吸综合征病毒反转录聚合酶链式反应（RT-PCR）。

十四、新城疫

新城疫是由副黏病毒科副黏病毒亚科腮腺炎病毒属的禽副黏病毒I型引起的高度接触性禽类烈性传染病。鸡、火鸡、鹌鹑、鸽子、鸭、鹅等多种家禽及野禽均易感，各种日龄的禽类均可感染。非免疫易感禽群感染时，发病率、死亡率可高达90%。该病的传播途径主要是消化道和呼吸道。传染源主要为感染禽及其粪便和口、鼻、眼的分泌物。被污染的水、饲料、器械、器具和带毒的野生飞禽、昆虫及有关人员等均可成为主要的传播媒介。该病的潜伏期为21天。世界动物卫生组织将其列为必须报告的动物疫病，我国将其列为二类动物疫病。

（一）产地检疫和宰前检查

根据病毒感染禽所表现临床症状的不同，可将新城疫病毒分为5种致病型：

1．嗜内脏速发型：以消化道出血性病变为主要特征，死亡率高。

2．嗜神经速发型：以呼吸道和神经症状为主要特征，死亡率高。

3．中发型：以呼吸道和神经症状为主要特征，死亡率低。

4．缓发型：以轻度或亚临床性呼吸道感染为主要特征。

5．无症状肠道型：以亚临床性肠道感染为主要特征。

典型症状：发病急、死亡率高。体温升高、极度精神沉郁、呼吸困难、食欲下降。粪便稀薄，呈黄绿色或黄白色。发病后期可出现各种神经症状，多表现为扭颈、翅膀麻痹等。在免疫禽群表现为产蛋下降。

（二）宰后检疫

全身黏膜和浆膜出血，以呼吸道和消化道最为严重。腺胃黏膜水肿，乳头和乳头间有出血点。盲肠扁桃体肿大、出血、坏死。十二指肠和直肠黏膜出血，有的可见纤维素性坏死病变。脑膜充血和出血；鼻道、喉、气管黏膜充血，偶有出血，肺可见淤血和水肿。多种脏器的血管充血、出血，消化道黏膜血管充血、出血，喉气管、支气管黏膜纤毛脱落，血管充血、出血，有大量淋巴细胞浸润。中枢神经系统可见非化脓性脑炎，神经元变性，血管周围有淋巴细胞和胶质细胞浸润形成的血管套。

（三）实验室检测

1. 病原学诊断

病毒分离与鉴定。

2. 血清学诊断

微量红细胞凝集抑制试验（HI）。

十五、鸭瘟

鸭瘟，又名“鸭病毒性肠炎”，是由鸭瘟病毒引起的鸭、鹅和其他雁形目禽类的一种急性、热性、败血性传染病。该病的特征是流行广泛，传播迅速，发病率和死亡率都高。1923年，Baudet氏在荷兰首次发现该病。在自然条件下，该病主要发生于鸭，对不同年龄、性别和品种的鸭都有易感性，以番鸭、麻鸭易感性较高，北京鸭次之。自然感染潜伏期通常为2～4天，30日龄以内雏鸭较少发病。我国将其列为二类动物疫病。

（一）产地检疫和宰前检查

病鸭体温升高在43℃以上，高热稽留。病鸭表现精神委顿，头颈缩起，羽毛松乱，翅膀下垂，两脚麻痹无力，伏坐地上不愿移动，流泪和眼睑水肿。眼结膜充血或小点出血。病鸭发生泻痢，排出绿色或灰白色稀粪，肛门周围的羽毛被玷污或结块。部分病鸭在疾病明显时期，可见头和胫部发生不同程度的肿胀，触之有波动感，俗称“大头瘟”。

（二）宰后检疫

皮肤黏膜和浆膜出血，头颈皮下胶样浸润，口腔黏膜，特别是舌根、咽部和上腭黏膜表面有淡黄色的假膜覆盖，刮落后露出鲜红色出血性溃疡。最典型的是食道黏膜纵行固膜条斑和小出血点，肠黏膜出血、充血，以十二指肠和直肠最为严重；泄殖腔黏膜坏死，结痂。肝不肿大，但有小点出血和坏死。胆囊肿大，充满浓稠墨绿色胆汁。有些病例脾有坏死点，肾肿大、有小点出血。胸、腹腔的黏膜均有黄色胶样浸润液。肠黏膜充血、出血，以直肠和十二指肠最为严重。位于小肠上的4个淋巴出现环状病变，呈深红色，散布针尖大小的黄色病灶，后期转为深棕色，与黏膜分界明显。胸腺有大量出血点和黄色病灶区，在其外表或切面均可见到。肝表面和切面有大小不等的灰黄色或灰白色的坏死点，少数坏死点中间有小出血点。胆囊肿大，充满黏稠的墨绿色胆汁。心外膜和心内膜上有出血斑点，心腔里充满凝固不良的暗红色血液。

（三）实验室检测

1．病毒分离鉴定。

2．血清中和试验。

十六、兔出血症

兔出血症，俗称“兔瘟”，是由兔出血症病毒引起的、发生在兔身上的传染性疾病。通过兔与兔之间的直接接触或粪便等分泌物经口或呼吸系统进行传播，传染性强、发病率高、病死率高。该病自然发病时仅见于2周龄以上家兔，人工感染3月龄以上的家兔，发病率和病死率在90%以上。我国将其列为二类动物疫病。

（一）产地检疫和宰前检查

1．兔出血症：分为最急性型、急性型和慢性型。

最急性型多见于非疫区或流行初期的家兔，无任何前驱症状，多在夜间死亡。死前数小时表现短暂的兴奋，突然倒地，划动四肢呈游泳状，继之昏迷，濒临死亡时抽搐，角弓反张，眼球突出，咬牙或尖叫几声而死。

2. 急性型：体温升高至40.5～41.0℃或更高，精神萎靡、被毛松乱、拒食、呼吸迫促，呼吸时身体前后抽动，濒死时病兔瘫软，不能站立，不时挣扎，高声尖叫，鼻孔流出白色或淡红色黏液，一般在出现症状后6～8小时内死亡，病程1～2天。

3. 慢性型：多见于老疫区或流行后期的病兔，表现为体温升高1～1.5℃，稽留1～2天，精神萎靡、摄食减少、呼吸加快，但此种症状如不仔细观察很难察觉。

（二）宰后检疫

病毒首先侵害的靶器官是肝、脾和肺等，然后到达全身血液并分布到其他器官，可引起出血性支气管肺炎、出血性实质性肺炎、出血性肾小球肾炎、病毒性脑脊髓炎、卡他性胃肠炎及胆囊坏死等。

最急性型和急性型病兔以全身器官淤血、出血、水肿为特征，膀胱积尿，内充满黄褐色尿液，有些病例尿中混有絮状蛋白质凝块，黏膜增厚，有皱褶。鼻腔有泡沫状血液，鼻孔周围有血液污染，结膜充血，有时有点状出血。心肌柔软，心室扩张，心内外膜可见点状出血。肺呈紫红色，切面有大量泡沫状血液流出，气管支气管黏膜充血、出血。肝大，黄褐色，表面散在针尖至粟粒大的坏死灶，切面结构模糊，呈“槟榔肝”变化。慢性型病兔严重消瘦，肺部有数量不等的出血点。肝有不同程度的肿胀，在尾状叶、乳头突起和胆囊部周围的肝组织，有针尖到粟粒大的黄白色坏死灶。肠系膜淋巴结水样肿大，其他器官无显著眼观病变。病理组织学特征为肝脂肪变性和水疱变性，脾淋巴细胞间水肿，淋巴细胞数量降低并发生坏死，肺充血、严重淤血和出血。

（三）实验室检测

1. 血凝试验。
2. 血凝抑制试验。
3. 荧光抗体技术。
4. 酶联免疫吸附试验。
5. 反转录聚合酶链反应。

十七、棘球蚴病

棘球蚴病，又名“包虫病”，是棘球绦虫的幼虫寄生在牛、羊、猪及人的各脏器（主要是肝脏，其次是肺脏、脾、肾、脑等）所致的一种人畜共患寄生虫病。绵羊最易感，其次为山羊、牛、猪等草食和杂食动物，人亦感染。棘球蚴病感染是经过消化道途径，在中间宿主家畜和终末宿主犬科动物之间循环传播。终末宿主犬、狼、狐狸等犬科动物把含有棘球绦虫的孕卵节片和虫卵随粪便排出体外而污染牧草、牧地和水源。当中间宿主羊、牛等通过吃草饮水吞下虫卵后，卵膜因胃酸作用被破坏，六钩蚴溢出，钻入肠黏膜血管，随血流达到全身各组织，逐渐生长发育成棘球蚴。最常见的寄生部位是肝脏和肺脏。当终末宿主吃了含有棘球蚴的脏器，经过两个半月到3个月时间在肠道内发育成细粒棘球绦虫，再随粪便排出体外感染中间宿主，如此循环传播感染。我国将其列为二类动物疫病。

（一）产地检疫和宰前检查

棘球蚴在家畜体内寄生过程中，会压迫所寄生的脏器及周围组织，引起组织萎缩和机能障碍。肝脏寄生时能导致消化失调，出现黄疸，肝区压痛感明显。肺脏寄生时会出现咳嗽、喘息和呼吸困难。代谢产物被吸收后，使周围组织发生炎症和全身过敏反应，严重者可致死。犬一般情况下不表现临床症状。

（二）宰后检疫

家畜脏器（主要是肝和肺）表面或内部发现白色、半透明、表面光滑、触之坚韧、压之有弹性、叩诊时有震颤感的典型包囊，切开时有囊液流出，将囊液沉淀后用肉眼或在显微镜下看到许多生发囊与原头蚴。

（三）实验室检测

1. 镜检。

2. 病原学检查。

第六章　三类动物疫病的检疫

一、伪狂犬病

伪狂犬病，是由疱疹病毒科猪疱疹病毒I型伪狂犬病毒引起的一种急性，热性，高度接触性传染病。各种家畜和野生动物（除无尾猿外）均可感染，猪、牛、羊、犬、猫等易感。寒冷季节多发。病猪是主要传染源，隐性感染猪和康复猪可以长期带毒。病毒在猪群中主要通过空气传播，经呼吸道和消化道感染，也可经胎盘感染胎儿。除猪以外的其他动物感染伪狂犬病病毒后，发病均以死亡告终，但多呈散发形式或地方疫源性疾病。我国将其列为三类动物疫病。

（一）产地检疫和宰前检查

母猪感染伪狂犬病病毒后常发生流产、产死胎、弱仔、木乃伊胎等症状。青年母猪和空怀母猪常出现返情而屡配不孕或不发情。公猪常出现睾丸肿胀、萎缩、性功能下降、失去种用能力。新生仔猪大量死亡，15日龄内死亡率可达100%。断奶仔猪发病20%~30%，死亡率为10%~20%。育肥猪表现为呼吸道症状和增重滞缓。

（二）宰后检疫

病理组织学呈现非化脓性脑炎变化，剖检脑膜淤血、出血，肾脏布满针尖样出血点，其他大体剖检特征不明显。

（三）实验室检测

1. 病原学诊断

（1）病毒分离鉴定。

（2）聚合酶链式反应诊断。

（3）动物接种：采取病猪扁桃体、嗅球、脑桥和肺脏，用生理盐水或PBS液（磷酸盐缓冲液）制成10%悬液，反复冻融3次后离心取上清液接种于家兔皮下或者小鼠脑内（用于接种的家兔和小白鼠必须事先用ELISA检测伪狂犬病病毒抗体阴性者才能使用），家兔经2～5天或者小鼠经2～10天发病死亡，死亡前注射部位出现奇痒和四肢麻痹。家兔发病时先用舌舔接种部位，以后用力撕咬接种部位，使接种部位被撕咬伤、鲜红、出血，持续4～6小时，病兔衰竭，痉挛，呼吸困难而死亡。小鼠不如家兔敏感，但明显表现兴奋不安，神经症状，奇痒和四肢麻痹而死亡。

2. 血清学诊断

（1）微量病毒中和试验。

（2）鉴别ELISA。

二、猪囊尾蚴病

猪囊尾蚴病由带科、带属猪带绦虫或称有钩绦虫、链状带绦虫的中绦期寄生于猪的肌肉中引起的疾病，是人畜共患病。猪与野猪是重要的中间宿主，犬、骆驼、猫及人也可作为中间宿主。猪囊尾蚴主要寄生于猪的肌肉，这样的猪肉通常称“米猪肉”，也可寄生于人的脑、眼、肌肉等组织，严重危害人体健康和养猪业的发展。我国将其列为三类动物疫病。

（一）产地检疫和宰前检查

轻度感染时，病猪不会表现出明显的症状。严重感染或者寄生较多囊虫时，会导致肩胛部明显增厚、增宽，臀部和肩胛部肌肉隆起、突出，类似于葫芦状。

临床症状。病猪被毛粗乱、失去光泽，眼睛变红，拒绝走动，经常卧地，睡觉时会发出明显的鼾声。部分病猪会发出嘶哑叫声，呼吸加速，且伴有短促的咳嗽声，心跳加快。一般来说，根据虫体寄生部位不同，病猪会表现出不同的症状，如在脑部寄生时会出现痉挛、癫痫。在咽喉肌肉寄生时会发出嘶哑叫声，呼吸加速，且经常咳嗽。在四肢肌肉寄生时会出现跛行。在舌和咬肌寄生时往往会导致舌肌麻痹，影响咀嚼等。活体检查主要是对猪的眼睑和舌部进行检查，看是否存在感染囊虫而形成的豆状肿胀，并用手在眼睑和舌部触摸，如果眼睑存在米粒状隆起，且舌部存在较硬的豆状结节，即可作为诊断的依据。

（二）宰后检疫

病猪胴体的肉色通常比较暗淡，在瘦肉、肥肉以及五脏器官上都可能存在一定数量的米粒状囊包。剖检时，重点是对猪胴体的咬肌、膈肌和深腰肌等处进行切割检查，通常切割厚度适宜控制在1厘米，每间隔1厘米切一刀，4～5刀之后对切面进行仔细观察，如果发现肌肉上存在水泡状物，呈石榴籽大小，就能够确诊为囊包虫。对内脏进行剖检，发现肾脏和输尿管周围的结缔组织明显增生，并存在较多乳白色的黄豆大小的包囊，呈圆形或者椭圆形，且囊内含有大量无色的透明液体，且囊壁内层连接有一个白色球形的悬垂状头节，也能够判断为囊虫。

（三）实验室检测

通过镜检发现虫体呈椭圆形或者圆形，囊体大小不同，有些只有米粒大，有些达到豆粒大，均为乳白色的半透明状，但发生钙化就会导致虫体变成黄白色或者黄色，里面含有大量透明无色液体，囊壁上存在一个乳白色、米粒状、圆形头节。取头节进行压片镜检，能够看到1个顶突和4个圆形吸盘，顶突上存在几十个角质小钩，呈圆环形排列，直径在5～8毫米左右。

三、片形吸虫病

片形吸虫病是由片形科片形属的肝片形吸虫和大片形吸虫寄生于黄牛、水牛、绵羊、山羊、鹿和骆驼等各种反刍动物肝脏胆管中所引起的一种人畜共患寄生虫病，对反刍兽危害严重，也多见于猪。马属动物、家兔、一些野生动物和人亦有寄生。该病能引起急性或慢性肝炎和胆管炎，并伴有全身性中毒现象和营养障碍，危害相当严重，尤其对幼畜和绵羊，可引起大批死亡。在慢性病程中，动物消瘦、发育障碍，耕作能力下降，乳牛产奶量减少，毛、肉产量降低和质量下降，病肝成废弃物，给畜牧业生产带来巨大损失。我国将其列为三类动物疫病。

（一）产地检疫和宰前检查

1．羊：绵羊最敏感，最常发病，死亡率也高。

急性型（童虫移行期）：多发于夏末、秋季和初冬季节，病势猛，患畜突然倒毙。病初体温升高，精神沉郁，食欲减退，衰弱易疲劳，离群落后。叩诊肝区半浊音扩大，压痛敏感，迅速发生贫血，红细胞减至300～400万/mm^3，血红蛋白显著下降，黏膜苍白。

慢性型（成虫寄生期）：多见于冬末初春季节，患羊耐过急性经过后多转为慢性，此型多见。主要表现贫血症状，黏膜显著苍白，食欲不振，异嗜，极度消瘦，毛干易落，行动缓慢，眼睑、颌间、胸下和下腹部出现水肿。母羊乳汁稀薄，怀孕羊往往流产，终于衰竭死亡。有时可拖至次年天气转暖，饲料改善后逐步恢复。

2．牛：多呈慢性经过。虫体未到达肝脏时往往不显症状，但随着虫体的生长，症状也日趋明显。在正常饲养条件下，呈现营养障碍，食欲不振或异嗜，下痢，周期性瘤胃膨胀，前胃弛缓，被毛粗乱无光泽，贫血、消瘦，下颌、胸下水肿。肝区扩大或有黄疸。母畜不孕或流产，公畜繁殖力降低。此时如不及时治疗，最后可能陷于极度衰弱而死亡。

（二）宰后检疫

片形吸虫的致病作用和病理变化常依其发育阶段而有不同的表现，并和感染的数量有关。当一次感染大量囊蚴时，在其初入畜体阶段，幼虫穿过小肠壁并再由腹腔进入肝实质，引起肠壁和肝实质的损伤。肝肿大，肝包膜上有纤维素沉积，出血，有数毫米长的暗红色虫道，虫道内有凝固的血液和很小的童虫。可引起急性肝炎和内出血，腹腔中有带血色的液体，有腹膜炎变化，是患本病时的急性死亡原因。虫体进入胆管后，由于虫体长期的机械性刺激和毒素的作用，引起慢性胆管炎、慢性肝炎和贫血现象。早期肝脏肿大，以后萎缩硬化，小叶间结缔组织增生，寄生多时，引起胆管扩张、增生、变粗甚至堵塞；胆汁滞留而引起黄疸。胆管像绳索样凸出肝脏表面，胆管内壁有盐类（磷酸钙和磷酸镁）沉积，使内壁粗糙，尤其牛为多见，刀切时有沙沙声。胆管内有虫体和污浊稠厚的液体，但也有胆管病变严重却找不到虫体的。病畜出现贫血和水肿等现象，再加上虫体本身不断地以宿主的血液和细胞为其营养，结果引起家畜营养紊乱和体质消瘦，这就是慢性片形吸虫病。

（三）实验室检测

1. 虫卵检查：可从粪便或十二指肠液中用涂片法、漂浮法、沉淀法等查虫卵。

2. 肝穿刺活检或腹腔镜活检可找到虫卵肉芽肿或成虫切面。

3. 免疫学试验：可用补体结合试验、免疫荧光试验、间接血凝试验等。

四、猪旋毛虫病

旋毛虫病是由毛首目、毛形科的旋毛形线虫引起的一种人畜共患病。幼虫寄生于肌肉中称肌旋毛虫，成虫寄生于小肠称肠旋毛虫。它是多宿主寄生虫，除猪、人以外，鼠类、狗、猫、熊、狼等均可感染，目前已有65种哺乳动物可感染此病。在家畜中，以由旋毛虫所引起的猪旋毛虫病最为严重，是人体旋毛虫病的主要感染来源。该病在公共卫生上具有十分重要的意义，在动物检疫中将旋毛虫检验列为重要项目。我国将其列为三类动物疫病。

（一）产地检疫和宰前检查

猪旋毛虫病在产地和宰前检疫很难做出诊断。主要症状是体温升高、腹泻、疝痛、发痒、运动僵硬、肌肉疼痛类似风湿，严重的则卧地不起，呼吸浅快，声音嘶哑，吞咽困难，牙关紧闭，眼及四肢水肿。

（二）宰后检疫

方法是取膈肌左右角（或腰肌、腹肌）各一块，撕去肌膜与脂肪，先用肉眼观察有无可疑的旋毛虫病灶，然后从肉样的不同部位剪取24块麦粒大小的肉粒，压片后用低倍镜（40～50倍）检查。肉眼观察旋毛虫包囊，只有一个针尖大小，半透明，较肌肉的色泽淡。包囊钙化后变为乳白色、灰白色或黄白色，幼虫虫体如折刀状卷曲于包囊中，包囊的宽度大约0.3毫米，长度大约0.4毫米。

（三）实验室检测

可以采取皮内变态反应试验、沉淀反应试验和补体结合反应试验等进行诊断。

五、猪细小病毒感染

猪细小病毒病由细小病毒科细小病毒属细小病毒引起的猪的一种繁殖障碍性疾病，以胎儿和胚胎感染及死亡为特征，引起死胎、木乃伊胎、流产、死产和初生仔猪死亡，但母猪本身无明显的症状。我国将其列为三类动物疫病。

（一）产地检疫和宰前检查

母猪感染后常发生重新发情而不分娩，或发生流产、产死胎、弱仔、木乃伊胎和少仔等症状。公猪表现不明显。

（二）宰后检疫

可见母猪子宫内膜有轻度炎症反应，胎盘有部分钙化，胎儿在子宫内有被溶解吸收的现象。受感染胎儿可见充血、出血、水肿、体腔积液、木乃伊胎。

（三）实验室检测

1. 病原分离：取流产胎儿、死产仔猪的肾等材料处理后接种细胞进行病毒分离。

病原鉴定：免疫荧光试验、PCR诊断试验、分子杂交试验。

2. 病毒抗原的检查

（1）PPV荧光抗体直接染色法：在荧光显微镜下观察，若发现接种的细胞片中细胞核不着染，即可确诊。

（2）PPV酶标抗体直接染色法：在普通生物显微镜下观察染色情况，若未接种PPV的正常对照细胞片中细胞核无棕色着染现象，而接种的PPV的细胞片中细胞核着染，即可确诊。

（3）PPV血凝试验：若发现稀释后的样品有凝集红细胞的现象，而正常PBS红细胞对照无自凝现象，则可认为样品可疑还需用特异性的PPV标准阳性血清作血凝抑制试验，如能抑制样品的血凝现象，即可确诊为PPV。

3. 血清学检查：血凝和血凝抑制试验（较为常用）。PPV血清中和试验、酶联免疫吸附试验、免疫荧光试验。

六、猪丹毒

猪丹毒是由猪丹毒杆菌引起的一种急性人畜共患传染病。急性型呈败血症症状，亚急性型在皮肤上出现紫红色疹块，慢性型为非化脓性关节炎和疣状心内膜炎。广泛分布于世界各地。急性败血症病死率在80%左右，对养猪业危害较大。我国将其列为三类动物疫病。

（一）产地检疫和宰前检查

可分为急性败血性、疹块性和慢性。

1. 败血型：常见，精神不振、体温42～43℃不退，突然爆发，死亡率高。不食、呕吐，结膜充血，粪便干硬，附有黏液，小猪后期下痢。耳、颈、背皮肤潮红、发紫。临死前腋下、股内、腹内有不规则鲜红色斑块，指压褪色后而融合一起。

2. 疹块型：病较轻，1～2天在身体不同部位，尤其胸侧、背部、颈部至全身出现界限明显，圆形、四边形，有热感的疹块，俗称“打火印”，指压褪色。疹块突出皮肤2～3毫米，大小约1至数厘米，从几个到几十个不等，干枯后形成棕色痂皮。口渴、便秘、呕吐、体温高，也有不少病猪在发病过程中，症状恶化而转变为败血型而死。

3. 慢性型：由急性型或亚急性型转变而来，也有原发性，常见关节炎，关节肿大、变形、疼痛、跛行、僵直。溃疡性或椰菜样疣状赘生性心内膜炎。心律不齐、呼吸困难、贫血。

（二）宰后检疫

1. 败血型：病猪鼻、耳、颈部、胸、腹部及四肢皮肤等处，常见不规则的淡紫色，或不同程度暗紫色，即所谓丹毒性红斑。全身淋巴结急性肿大，潮红或紫红色，切面多汁，呈浆液性出血性变化，胃底部及小肠（主要是十二指肠和空肠前段）黏膜红肿，上覆黏液及见出血，严重时，黏膜呈弥漫性暗红色；大肠无明显变化；脾脏显著肿大，呈樱桃红色，包膜紧张，质地柔软，切面脾髓隆起，红白髓界限不清，用刀易刮脱大量脾髓组织；肾脏淤血肿大，被膜易剥离，呈不均匀的紫红色，切面皮质部呈红黄色，表面及切面可见有大头针帽大小的出血点，稍隆起如“糖葫芦串”。心内外膜出血，心包积液，心肌浑浊。肺充血、水肿，可见出血点。肝淤血、肿大，呈暗红色。

2. 疹块型：疹块型丹毒可见皮肤呈现典型的疹块病变，与生前症状相同，以白猪或褪毛后更明显，有部分病死猪的脾、肾还可出现与急性病例相似的病理变化。

3. 慢性型：慢性病猪心内膜的损害，大多见于左心的房室瓣（二尖瓣）上，出现典型的菜花样疣状赘生物，表面高低不一，大小不一，使瓣膜变形，心孔狭窄与闭锁不全，大者可堵塞房室孔。慢性关节炎时，可见关节肿大，关节囊显著增大、增厚，囊内关节液增多，有浆液性纤维素性渗出物，关节面粗糙，滑膜表面有绒毛样增生物。时间久者，关节囊纤维组织增生，甚至关节变形。

（三）实验室检测

革兰氏染色法染色，经镜检，如见有革兰阳性（紫色）的细长小杆菌，在排除李氏杆菌的情况下，即可确诊。也可进行免疫荧光和血清培养凝集试验。

七、J–亚群禽白血病

J–亚群禽白血病，是由反转录病毒ALV–J引起的主要侵害骨髓细胞，导致骨髓细胞瘤（ML）和其他不同细胞类型恶性肿瘤为特征的禽的肿瘤性传染性疾病。我国将其列为三类动物疫病。

（一）产地检疫和宰前检查

潜伏期长。精神沉郁，食欲丧失，鸡冠苍白，严重贫血，极度消瘦，腹泻，生长发育不良，免疫反应低下，产蛋率下降。趾骨部分皮肤和翅膀羽毛囊出血。总死亡率一般为2%–8%。

（二）宰后检疫

特征性病变是肝脏、脾脏肿大，表面有弥漫性的灰白色增生性结节。在肾脏、卵巢和睾丸也可见广泛的肿瘤组织。有时在胸骨、肋骨表面出现肿瘤结节，也可见于盆骨、髋关节、膝关节周围以及头骨和椎骨表面。在骨膜下可见白色石灰样增生的肿瘤组织。

（三）实验室检测

1．病原分离鉴定

2．组织病理学诊断

在HE染色切片中，可见增生的髓细胞样肿瘤细胞，散在或形成肿瘤结节。髓细胞样瘤细胞形体较大，细胞核呈空泡状，细胞质较多，可见嗜酸性颗粒。

3．血清学诊断

采用J-亚群禽白血病酶联免疫吸附试验（ELISA）检测J-亚群禽白血病病毒抗体。

八、马立克病

马立克氏病（MD），是由疱疹病毒科α亚群马立克氏病病毒引起的，以危害淋巴系统和神经系统，引起外周神经、性腺、虹膜、各种内脏器官、肌肉和皮肤的单个或多个组织器官发生肿瘤为特征的禽类传染病。鸡是主要的自然宿主，鹌鹑、火鸡、雉鸡、乌鸡等也可发生自然感染。我国将其列为三类动物疫病。

（一）产地检疫和宰前检查

根据临床症状，分为神经型、内脏型、眼型和皮肤型。

1．神经型：最早症状为运动障碍。常见腿和翅膀完全或不完全麻痹，表现为“劈叉”式、翅膀下垂；嗉囊因麻痹而扩大。

2．内脏型：常表现极度沉郁，有时不表现任何症状而突然死亡。有的病鸡表现厌食、消瘦和昏迷，最后衰竭而死。

3．眼型：视力减退或消失。虹膜失去正常色素，呈同心环状或斑点状。瞳孔边缘不整，严重阶段瞳孔只剩下一个针尖大小的孔。

4．皮肤型：全身皮肤毛囊肿大，以大腿外侧、翅膀、腹部尤为明显。

病程一般为数周至数月。因感染的毒株、易感鸡品种（系）和日龄不同，死亡率表现为2%~70%。

（二）宰后检疫

1．神经型：常在翅神经丛、坐骨神经丛、坐骨神经、腰间神经和颈部迷走神经等处发生病变，病变神经可比正常神经粗2~3倍，横纹消失，呈灰白色或淡黄色。有时可见神经淋巴瘤。

2．内脏型：在肝、脾、胰、睾丸、卵巢、肾、肺、腺胃和心脏等脏器出现广泛的结节性或弥漫性肿瘤。

3．眼型：虹膜失去正常色素，呈同心环状或斑点状。瞳孔边缘不整，严重阶段瞳孔只剩下一个针尖大小的孔。

4．皮肤型：常见毛囊肿大，大小不等，融合在一起，形成淡白色结节，在拔除羽毛后尸体尤为明显。

（三）实验室检测

1．病原分离鉴定

2．病理组织学诊断

主要以淋巴母细胞、大、中、小淋巴细胞及巨噬细胞的增生浸润为主，同时可见小淋巴细胞和浆细胞的浸润和雪旺氏细胞增生。

3．免疫学诊断

免疫琼脂扩散试验。

九、鸡球虫病

鸡球虫病是鸡常见且危害十分严重的寄生虫病，是由一种或多种球虫引起的急性流行性寄生虫病。病原为原虫中的艾美耳科艾美耳属的球虫。世界各国已经记载的鸡球虫种类有13种之多，我国已发现9个种。我国将其列为三类动物疫病。

（一）产地检疫和宰前检查

病鸡精神沉郁，羽毛蓬松，头踡缩，食欲减退，嗉囊内充满液体，鸡冠和可视黏膜贫血、苍白，逐渐消瘦。病鸡常排红色胡萝卜样粪便，若感染柔嫩艾美耳球虫，开始时粪便为咖啡色，以后变为完全的血粪，如不及时采取措施，致死率在50%以上。若多种球虫混合感染，粪便中带血液，并含有大量脱落的肠黏膜。

（二）宰后检疫

盲肠球虫病病变主要见于盲肠，盲肠显著肿大，外观呈暗红色，浆膜面可见有针尖大至小米粒大小的白色斑点和小红点，肠内容物充满血液或凝固的血凝块，盲肠黏膜增厚，有许多出血斑和坏死灶。患小肠球虫的病死鸡，主要表现为肠管呈暗红色，高度膨胀、充气，肠壁增厚，浆膜面见有大量的白色斑点和出血斑。肠腔中充满血液或血样凝块。

（三）实验室检测

用饱和盐水漂浮法或粪便涂片查到球虫卵囊，或死后取肠黏膜触片或刮取肠黏膜涂片查到裂殖体、裂殖子或配子体，均可确诊为球虫感染，但由于鸡的带虫现象极为普遍，因此，是不是由球虫引起的发病和死亡，应根据临诊症状、流行病学资料、病理剖检情况和病原检查结果进行综合判断。

十、禽痘

禽痘是由禽痘病毒引起禽类的一种急性、高度接触性传染病。禽痘病毒大量存在于病禽的皮肤和黏膜病灶中，以体表无毛处皮肤痘疹（皮肤型），或在上呼吸道、口腔和食管部黏膜形成纤维素性坏死假膜（黏膜型）为特征。脱落和碎散的痘痂是病毒散播的主要方式。家禽中以鸡的易感性最高，飞鸟中鸽最严重，不分年龄、性别和品种，都可感染。我国将其列为三类动物疫病。

（一）产地检疫和宰前检查

根据侵害部位可分皮肤型、黏膜型、混合型和败血型。

1．皮肤型：又称痘疹型，此型最常见，以无毛或少毛处如头部（鸡冠、肉髯、口角和眼眶），有时见翅内侧、腿、胸腹部及泄殖腔周围形成一种特殊的痘疹为特征。

2．黏膜型：又称白喉型，多发生于幼鸡。在口腔和咽喉部的黏膜上发生痘疹，最初为灰白色小结节，之后增大融合，形成一层黄白色干酪样、不易剥离的假膜（故称白喉）。严重的，眼、鼻和眶下窦也受侵害（眼鼻型鸡痘），死亡率较高。

3．混合型：皮肤和黏膜均受侵害，病情较严重，死亡率高。

4．败血型：极少见，以严重的全身症状开始，继而发生肠炎，病鸡多为迅速死亡或转为慢性腹泻死亡。

（二）实验室检测

1．病原分离与鉴定

鸡胚接种（观察白色灶状不透明痘斑）、细胞培养（观察特征性胞浆包涵体）、易感雏鸡接种（鸡冠划痕、翅下刺种和毛囊接种，观察特征性皮肤病灶）。

2．血清学检查

中和试验、荧光抗体试验。

十一、兔球虫病

兔球虫病是由艾美耳科艾美耳属的多种球虫引起的、发生在兔身上的一种寄生虫病，其中常见的有斯氏艾美耳球虫、中型艾美耳球虫、大型艾美耳球虫、无残艾美耳球虫、肠艾美耳球虫等。兔球虫病是家兔的一种常发病，在世界范围内广泛分布。球虫病的潜伏期一般为2～3天，有时潜伏期更长一些。3月龄以内的幼兔多发，往往造成大批死亡，给养兔业带来巨大的损失。我国将其列为三类动物疫病。

（一）产地检疫和宰前检查

按球虫寄生的部位，可将兔球虫病分为3类：球虫寄生于肝脏胆管上皮细胞内的称为“肝型球虫病”，寄生于肠道上皮细胞内的叫“肠型球虫病”，在临床上遇到的是这两类混合感染的叫“混合型球虫病”。

病兔的主要症状为精神不振，食欲减退，伏卧不动，眼、鼻分泌物增多，眼黏膜苍白，腹泻，尿频。肠型以顽固性下痢，病兔肛门周围被粪便污染，死亡快为典型症状。肝型则以腹围增大下垂，肝肿大，触诊有痛感，可视黏膜轻度黄染为特征。发病后期，幼兔往往出现神经症状，表现为四肢痉挛、麻痹，最终因极度衰弱而亡。病兔死亡率为40%～70%，有时在80%以上。

（二）宰后检疫

1．肝型：剖检可见肝脏明显肿大，肝表面可见黄白色结节，大小不等，质地较硬，或肝表面可见大量水疱样病灶，内有较多半透明液体。结节或水疱中均有大量卵囊。胆囊胀大，胆汁浓稠，在胆管、胆囊黏膜上取样涂片，能检出卵囊。

2．肠型：主要在肠道，肠壁血管充血，肠腔臌气，肠黏膜充血或出血，十二指肠扩张、肥厚，黏膜有充血或出血性炎症，小肠内充满气体和大量黏液。

3．混合型：各种病变同时存在，情况更严重。

（三）实验室检测

1．粪学检查：在粪便内检到球虫卵囊后确诊。

2．压片检查：根据肝脏和肠管的病变，用病变部位结节和肠黏膜涂片镜检，找到卵囊或裂殖子后可确诊。

第七章　畜禽屠宰肉品品质检验

一、畜禽肉品品质检验的概念

畜禽肉品品质检验是由屠宰企业的兽医卫生检验人员对屠宰加工的动物产品在出厂前就其新鲜度、水分、规格、膘情以及其他卫生质量、传染病和寄生虫以外的疫病进行对照检验和综合判断的一种检验方法，包括宰前检验和宰后检验。

二、畜禽肉品品质检验内容

1．畜禽健康状况的检查。

2．动物传染病、寄生虫病以外的疾病的检验及处理。

3．甲状腺、肾上腺和病变淋巴结、病变组织的摘除、修割及处理。

4．注水或注入其他物质的检验及处理。

5．食品动物中禁止使用的药品及其他化合物等有毒有害非食品原料的检验及处理。

6．白肌肉、黑干肉、黄脂、种畜及晚阉畜等的检验及处理。

7．肉品卫生状况的检查及处理。

8．国家规定的其他检验内容。

三、检验岗位设置及职责

（一）人员要求

1．应配备与屠宰规模相适应的兽医卫生检验人员，兽医卫生检验人员应经考核合格。

2．未取得健康证明的，不得从事肉品品质检验工作。

3．兽医卫生检验人员应协助官方兽医开展屠宰检疫工作。

（二）检验岗位

1．基本要求：应在畜禽接收区、待宰区、屠宰车间和实验室的显著位置标识岗位名称和责任人员。

2．宰前检验岗

设置畜禽接收区和待宰区，负责接收检验、待宰检验、送宰检验和信息登记等。

3．宰后检验岗

（1）猪、牛、羊等家畜设置头蹄检验岗、内脏检验岗、胴体检验岗、复验岗、实验室检验岗。

头蹄检验岗：设置在放血之后、烫毛或剥皮之前，负责屠体的头、蹄检验。

内脏检验岗：设置在屠体挑胸剖腹之后，负责检验心脏、肺脏、肝脏、胃肠、脾脏、膀胱、生殖器等。

胴体检验岗：设置在摘除内脏之后，胴体劈半之前或之后，负责检验体表、胴体肌肉、脂肪、体腔、肾脏、骨与关节。

复验岗：设置在胴体检验之后，负责对胴体品质进行全面复查和加施标识。

实验室检验岗：负责理化、有毒有害非食品原料等的检验，以及国家规定需要开展的动物疫病的检测。

（2）鸡、鸭、鹅、兔等设宰后检验岗和实验室检验岗。

宰后检验岗：设置在脱羽或剥皮之后，负责头部检验、内脏检验、胴体检验和复验。

实验室检验岗：负责理化、有毒有害非食品原料等的检验，以及国家规定需要开展的动物疫病的检测。

（三）疫情报告及检测

在检验中发现畜禽染疫或疑似染疫的应立即停止屠宰，向驻场官方兽医报告，并迅速采取隔离等控制措施。同时，应立即向所在地农业农村主管部门或者动物疫病预防控制机构报告。发生动物疫情时，应按照国家规定开展动物疫病检测。

四、宰前检验及处理

（一）生猪的宰前检验及处理

1. 接收检验

（1）查验检疫证明、运输车辆备案证明、耳标，记录每批进厂生猪的来源、数量、检疫证明号和供货者名称、地址、联系方式等内容，并经临车观察，未见异常，方可准予卸载。

（2）卸载时，应逐头观察生猪的健康状况，对生猪进行动态检查。健康猪送入待宰圈；严重伤残、濒死且无碍食品安全的生猪送急宰间急宰；疑似病猪送入隔离圈，进行隔离观察；死猪应做无害化处理。

（3）应在接收检验或宰后检验环节开展“瘦肉精”（β-肾上腺素受体激动剂等化合物）等有毒有害非食品原料的筛查。对盐酸克仑特罗、沙丁胺醇、莱克多巴胺按每批次不低于3%的比例进行抽检。对于筛查疑似阳性样品，应及时按国家标准检测方法进行确证，确证检测结果不合格的生猪按规定进行无害化处理。同时，对同批生猪逐头进行该阳性项目检测，合格的生猪准予屠宰，生猪产品准予放行，不合格的进行无害化处理。

2．待宰检验

（1）生猪在待宰期间，应检查生猪健康状况，观察静态、动态、饮水以及排便、排尿情况。

（2）检查生猪在待宰期间的停食静养是否按GB/T17236执行。

（3）发现疑似病猪送入隔离圈，进行隔离观察。发现濒死且无碍食品安全的生猪送急宰间急宰。

（4）死猪应做无害化处理。

3．送宰检验

（1）生猪送宰前应检查生猪健康状况，进行静态、动态、饮水以及排便、排尿情况的观察。

（2）检查生猪表清洁是否按GB/T17236执行。

（3）检查后超过4小时未屠宰的生猪，在送宰前应进行再次检查。

（4）确认合格的生猪准予屠宰，宰前登记检验结果和准宰头数。

4．急宰检验

急宰时应进行急宰检验，发现染疫病猪时，进行无害化处理。急宰检验应按宰后检验的规定执行。

（二）牛的宰前检验及处理

1．接收检验

（1）查验检疫证明、耳标，记录每批进厂牛的来源、数量、检疫证明号和供货者名称、地址、联系方式等内容，并经临车观察，未见异常，方可准予卸载。

（2）卸载时，应逐头观察牛的健康状况，对牛进行动态检查。健康牛送入待宰圈；严重伤残、濒死且无碍食品安全的牛送急宰间急宰；疑似病牛送入隔离圈，进行隔离观察；死牛应做无害化处理。

（3）应在接收检验或宰后检验环节开展“瘦肉精”（β-肾上腺

素受体激动剂等化合物）等有毒有害非食品原料的筛查。对于筛查疑似阳性样品，应及时按国家标准检测方法进行确证，确证检测结果不合格的牛按规定进行无害化处理。同时，对同批次牛逐头进行该阳性项目检测，合格的牛准予屠宰，牛产品准予放行，不合格的进行无害化处理。

2. 待宰检验

（1）牛在待宰期间，应检查牛健康状况，进行静态、动态、饮水以及排便、排尿情况的观察。

（2）检查牛在待宰期间的停食静养是否按GB/T19477执行。

（3）发现疑似病牛送入隔离圈，进行隔离观察。发现濒死且无碍食品安全的牛送急宰间急宰。

（4）死牛应做无害化处理。

3. 送宰检验

（1）牛送宰前应检查牛健康状况，进行静态、动态、饮水以及排便、排尿情况的观察。

（2）检查牛体表清洁是否按GB/T19477执行。

（3）逐头测量牛的体温（牛的正常体温为37.5 ~ 39.5℃）。

（4）确认合格的牛准予屠宰，宰前登记检验结果和准宰头数。

4. 急宰检验

急宰时应进行急宰检验，发现染疫病牛时，进行无害化处理。急宰检验应按宰后检验的规定执行。

（三）羊的宰前检验及处理

1. 接收检验

（1）查验检疫合格证明、耳标，记录每批进厂羊的数量、来源地、货主等信息和供货者名称、地址、联系方式等内容，并经临车观察，未见异常，方可准予卸载。

（2）卸载时，应逐头观察羊的健康状况，对羊进行动态检查。健康羊送入待宰圈；严重伤残、濒死且无碍食品安全的羊送急宰间急宰；疑似病羊送入隔离圈，进行隔离观察；死羊应做无害化处理。

（3）应在接收检验或宰后检验环节，开展“瘦肉精”（β-肾上腺素受体激动剂等化合物）等违禁物质的筛查。对于筛查疑似阳性样品，应及时按国家标准检测方法进行确证，确证检测结果不合格的羊按规定进行无害化处理。同时，对同批次羊逐头进行该阳性项目检测，合格的羊准予屠宰，羊产品准予放行，不合格的进行无害化处理。

2．待宰检验

（1）羊在待宰期间，应检查健康状况，进行静态、动态、饮水以及排便、排尿情况的观察。

（2）检查羊在待宰期间的停食静养是否按NY/T3469执行。

（3）发现疑似病羊，送入隔离圈，进行隔离观察。发现濒死且无碍食品安全的羊送急宰间急宰。

（4）死羊应做无害化处理。

3．送宰检验

（1）羊送宰前应检查健康状况，进行静态、动态、饮水以及排便、排尿情况的观察。

（2）检查后超过4小时未屠宰的，在送宰前应进行再次全面检查。

（3）确认合格的羊准予屠宰，宰前登记检验结果和准宰头数。

4．急宰检验

急宰时应进行急宰检验，发现染疫病羊时，进行无害化处理。急宰检验应按宰后检验的规定执行。

（四）鸡的宰前检验及处理

1．查验检疫证明，核对并记录鸡的来源、数量、检疫证明号和供货者名称、地址、联系方式等内容。未附有检疫证明的、证物不符的，应立即报告农业农村主管部门。

2. 逐车群体检查时发现精神萎靡、伏卧不动、呼吸异常、眼口鼻有分泌物等异常现象应进行个体检查。个体检查包括检查口腔有无过多分泌物。检查呼吸状态，注意有无咳嗽气喘。检查嗉囊的充实程度及内容物的性质。检查关节，有无肿大积液、骨折等现象。检查羽毛是否清洁、紧密，有无光泽，尤其查看肛门附近有无粪污与潮湿。检查皮肤是否有外伤、结节、肿块。

3. 应在宰前或宰后检验环节开展禁止使用的药品及其他化合物等有毒有害非食品原料的筛查。对于筛查疑似阳性样品，应及时按国家标准检测方法进行确证，确证检测结果不合格的按规定进行无害化处理。同时对同批次鸡扩大检测范围，合格的鸡准予屠宰，鸡产品准予放行，不合格的进行无害化处理。

4. 检查鸡在待宰期间的停食静养是否按GB/T19478执行。

5. 合格的，准予屠宰。

6. 发现死鸡应根据相关要求进行无害化处理。

（五）鸭的宰前检验及处理

1. 接收检验

（1）查验检疫证明，记录每批进厂活鸭来源、数量、检疫证明号和供货者名称、地址、联系方式等内容，并经临车观察，未见异常，方可准予卸载。

（2）卸载时，采取逐车群体检查，发现有精神委顿，羽毛蓬乱，行动迟缓，眼、鼻、喙有异常分泌物，泄殖腔周围羽毛污秽不洁，呼吸有声、呼吸困难等，应进行个体检验。疑似病鸭送入隔离圈，进行隔离观察；死鸭应做无害化处理。

（3）在宰前检验或宰后检验环节开展有毒有害非食品原料的筛查。对于筛查疑似阳性样品，应及时按国家标准检测方法进行确证，确证检测结果不合格的，应按规定进行无害化处理。同时，对同批次鸭扩大检测范围，合格的鸭准予屠宰，产品准予放行，不合格的进行无害化处理。

2. 待宰检验

（1）检查鸭在待宰期间的停食静养是否按NY/T3741执行。

（2）疑似病鸭送入隔离圈，进行隔离观察；死鸭应做无害化处理。

（六）鹅的宰前检验及处理

1. 接收及待宰检验

（1）查验检疫证明，记录每批进厂鹅的来源、数量、检疫证明号和供货者名称、地址、联系方式等内容，并经临车观察，未见异常，方可准予卸载。

（2）采取整车检查和待宰区定期巡查的方式进行群体检查，对鹅群的状态进行观察，如发现精神萎靡、伏卧不动、呼吸困难以及体型弱小等异常现象，应进行个体检查。

（3）个体检查包括检查口腔有无过多分泌物。检查呼吸状态，注意有无咳喘。检查嗉囊的充实程度及内容物的性质。检查关节，验证有无肿大积液、骨折现象。检查羽毛是否清洁、紧密，有无光泽，肛门附近有无粪污与潮湿。检查皮肤是否有外伤、结节、肿块，必要时检查体温。

（4）检查停食静养是否符合NY/T3742的要求。

（5）在接收检验或宰后检验环节开展有毒有害非食品原料的筛查。对于筛查疑似阳性样品，应及时按国家标准检测方法进行确证，确证检测结果不合格的，应按规定进行无害化处理。同时，对同批鹅扩大检测范围，合格的准予屠宰，产品准予放行，不合格的进行无害化处理。

2. 宰前检验结果处理

（1）确认合格的，准予屠宰。

（2）未附有动物检疫证明、货证不符的，不得屠宰，并报告农业农村主管部门做进一步处理。

（3）个体检查中确诊为非传染病引起的，且仅限于局部病变的，准予送宰。

（4）死鹅及个体检查中存在全身性疾病的应进行无害化处理。

（七）兔的宰前检验及处理

1．接收及待宰检验

（1）查验检疫证明，记录每批进厂兔的来源、数量、检疫证明号和供货者名称、地址、联系方式等内容，并经临车观察，未见异常，方可准予卸载。

（2）逐车进行群体检查。如发现精神萎靡、被毛粗乱、伏卧不动、呼吸困难等异常现象，应进行隔离观察。

（3）检查停食静养是否符合NY/T3470的要求。

（4）应在接收检验或宰后检验环节开展药品及其他化合物等有毒有害非食品原料的筛查。对于筛查疑似阳性样品，应及时按国家标准检测方法进行确证，确证检测结果不合格的，按规定进行无害化处理。同时，对同批次兔逐只进行该阳性项目检测，合格的兔准予屠宰，兔产品准予放行，不合格的进行无害化处理。

2．宰前检验结果处理

（1）确认健康的，准予屠宰。

（2）疑似病兔送入隔离圈，进行隔离观察；死兔应做无害化处理。

（八）驴的宰前检验及处理

1．接收检验

（1）查验检疫证明、耳标，记录每批进厂驴的来源、数量、检疫证明号和供货者名称、地址、联系方式等内容，并经临车观察，未见异常，方可准予卸载。

（2）卸载时，应逐头观察驴的健康状况，对驴进行动态检查。健康驴送入待宰圈；严重伤残、濒死且无碍食品安全的驴送急宰间急宰；疑似病驴送入隔离圈，进行隔离观察；死驴应做无害化处理。

（3）应在接收检验或宰后检验环节开展“瘦肉精”（β-肾上腺素受体激动剂类化合物）等违禁物质的筛查。对于筛查疑似阳性样品，应及时按国家标准检测方法进行确证，确证检测结果不合格的驴按规定进行无害化处理。同时，对同批次驴逐头进行该阳性项目检测，合格的驴准予屠宰，驴产品准予放行，不合格的进行无害化处理。

2．待宰检验

（1）驴在待宰期间，应检查驴健康状况，进行静态、动态、饮水以及排便、排尿情况的观察。

（2）检查驴在待宰期间的停食静养是否按NY/T3743执行。

（3）发现疑似病驴送入隔离圈，进行隔离观察。发现濒死且无碍食品安全的驴送急宰间急宰。

（4）死驴应做无害化处理。

3．送宰检验

（1）驴送宰前应检查驴健康状况，进行静态、动态、饮水以及排便、排尿情况的观察。

（2）检查驴体表清洁是否按NY/T3743执行。

（3）检查后超过4小时未屠宰的驴，在送宰前应进行再次检查。

（4）确认合格的驴准予屠宰，宰前登记检验结果和准宰头数。

4．急宰检验

急宰时应进行急宰检验，发现染疫病驴时，进行无害化处理。急宰检验应按宰后检验的规定执行。

五、宰后检验及处理

（一）生猪的宰后检验及处理

1. 基本要求

（1）宰后应实施同步检验，应对每头猪进行头蹄检验、内脏检验、胴体检验、复验与加施标识。

（2）在宰后检验发现病变淋巴结和病变组织时，确诊为非疫病引起的，应摘除或修割。

2. 头蹄检验

（1）检查头、蹄有无病变。

（2）发现头部有脓肿等异常变化的，应进行修割。应对检出的病变淋巴结进行割除。

（3）发现蹄部有肿胀、腐烂、脱壳、脓肿等异常变化的，应进行修割。

3. 内脏检验

（1）心脏检验

检查心包有无粘连、积液，心脏有无出血、淤血、坏死等异常变化。

（2）肺脏检验

检查肺脏有无呛血、呛水、水肿、气肿、纤维化、坏疽等异常变化。

（3）肝脏检验

检查肝脏有无淤血、变性、坏死、脓肿、纤维化、脂肪变性、寄生虫结节、肿瘤等异常变化。

（4）胃肠检验

检查胃肠浆膜有无出血、淤血、水肿、粘连、坏死等异常变化。

（5）脾脏检验

检查脾脏有无出血、淤血、肿胀、坏死等异常变化。

（6）膀胱和生殖器官检验

检查膀胱和生殖器官有无出血、肿瘤等异常变化。

检查是否为种公猪、种母猪、晚阉猪。未经阉割，阴囊内带有睾丸的生猪视为种公猪。乳腺发达，乳头长大，已种用（子宫粗大、颜色较深）的生猪视为种母猪。在阴囊或左髂部有阉割痕迹的，视为晚阉猪。种公猪肉、种母猪肉和晚阉猪肉出厂前，不得采取调色、调味等方式处理。

（7）有害腺体摘除

甲状腺、肾上腺应摘除干净。

4．胴体检验

（1）整体检验

检查体表有无出血、淤血、化脓、皮炎和寄生虫损害等异常变化。发现异常的，应做局部修割。

检查体腔浆膜有无出血、淤血、粘连等异常变化。发现异常的，应做局部修割。

（2）肌肉和脂肪检验

全面检验及要求：检查肌肉组织和皮下脂肪有无出血、淤血、水肿、变性等异常变化。发现异常的，应做局部修割。白肌肉、黑干肉、黄脂出厂前，不得采取调色、调味等方式处理。

白肌肉检验：检查腰大肌、背最长肌、半腱肌和半膜肌，发现肌肉苍白、质地松软、切面突出、纹理粗糙、水分渗出等现象，视为白肌肉。对严重的白肌肉应做修割处理。

黑干肉检验：检查股内侧肌或股直肌，发现肌肉干燥、质地粗硬、色泽深暗等现象，视为黑干肉。对严重的黑干肉应做修割处理。

黄疸和黄脂检验：检查发现仅皮下和体腔脂肪呈黄色，胴体放置24小时后黄色消退的为黄脂。轻微的、无不良气味的黄脂肉不受限制出厂。检查发现脂肪、皮肤、关节液等处出现全身黄染，胴体放置24小时后黄色不消退的为黄疸。

（3）淋巴结检验：应对检出的病变淋巴结进行割除。

（4）肾脏检验：检查肾脏有无出血、淤血、囊肿、粘连等异常变化。

（5）胴体卫生检验：检查胴体体表、体腔壁有无污染，如有血污、毛及其他污物应冲洗胴体表层，如有粪污、脓污、胆汁污染，应修割被污染的胴体表层。检查槽头污染部分是否修割干净。

（6）注水肉检验：检查猪肉是否颜色较浅泛白，指压后是否容易复原，放置后有无浅红色血水流出，胃、肠等内脏器官有无肿胀。疑似注水肉的，送实验室检测确定。水分含量的检测按照GB-18394规定的方法执行。

5. 复验与加施标识

（1）应进行全面复验，确认合格的胴体，加盖肉品品质检验合格验讫印章，确认合格的其他可食用生猪产品，在其包装上加施肉品品质检验合格标识。

（2）确认不合格的，加施无害化等处理标识。

6. 宰后检验结果的处理

（1）应做无害化处理的包括：

① 头部、蹄部修割部分，检出的头部病变淋巴结；

② 病变及异常变化的内脏；

③ 胴体局部修割的病变部分、脓包、严重淤血、严重污染及异常部分；

④ 检出黄疸的猪胴体及其他产品；

⑤ 胴体上检出的病变淋巴结；

⑥ 注水、注入违禁物质的猪胴体及其他产品；

⑦ 患有脓毒症、尿毒症、急性及慢性中毒、全身性肿瘤、肌肉变质、高度水肿的猪胴体及其他产品；

⑧ 其他需要做无害处理的猪屠体、猪胴体及其他产品。

（2）应做非食用处理或者无害化处理的包括：

① 甲状腺、肾上腺；

② 修割的严重白肌肉和严重黑干肉；

③ 严重的并带有不良气味的黄脂。

（二）牛的宰后检验及处理

1. 基本要求

（1）宰后应实施同步检验，应对每头牛进行头蹄检验、内脏检验、胴体检验、胴体复验。

（2）在宰后检验发现病变淋巴结和病变组织时，确诊为非疫病引起的，应摘除或修割。

2. 头蹄检验

（1）检查头、蹄有无病变。

（2）发现头部有脓肿等异常变化的，应进行修割。应对检出的病变淋巴结进行割除。甲状腺应摘除干净。

（3）检查头部有无开放性骨瘤且有脓性分泌物或在舌体上生有类似肿块。

（4）发现蹄部有肿胀、腐烂、脱壳、脓肿等异常变化的，应进行修割。

3. 内脏检验

（1）乳房、生殖器官的检验

在牛屠体剖腹前、后，检查被摘除的乳房、生殖器官有无异常。发现有化脓性乳房炎时，对照检查胴体、内脏是否也出现化脓性病变。发现生殖器官肿瘤时，对照检查胴体、内脏是否出现广泛性肿瘤病变。

（2）心脏检验

检查心包和心脏是否有淤血、粘连、坏死病灶等异常变化。发现心脏上有蕈状肿瘤或见红白相间、隆起于心肌表面的白血病病变时，应对照检查淋巴结是否显著肿大、切面呈鱼肉样、质地脆弱、指压易碎，肝、脾、肾是否肿大，脾脏滤泡肿胀，呈西米脾样，骨髓呈灰红色等变化。

（3）肺脏检验

检查肺脏有无呛血、淤血、水肿、气肿、纤维化、肿瘤等异常变化。

（4）肝脏检验

检查肝脏有无淤血、变性、坏死、脓肿、纤维化、脂肪变性、寄生虫结节、肿瘤等异常变化。

（5）胃肠检验

检查胃肠浆膜有无出血、淤血、水肿、粘连、坏死等异常变化。

（6）脾脏检验

检查脾脏有无出血、淤血、肿胀、坏死等异常变化。

（7）有害腺体摘除

甲状腺、肾上腺应摘除干净。

4. 胴体检验

（1）整体检验

检查体表有无出血、淤血、化脓和寄生虫损害等异常变化，发现异常的，应做局部修割。检查体腔浆膜有无出血、淤血、粘连等异常变化，发现异常的，应做局部修割。

（2）胴体肌肉检验

全面检验及要求：检查肌肉组织和皮下脂肪有无出血、淤血、水肿、变性等异常变化。发现异常的，应做局部修割。

黄疸检验：检查发现肌肉、关节液、黏膜等处出现全身黄染，胴体放24小时后黄色不消退的为黄疸。

（3）淋巴结检验

应对检出的病变淋巴结进行割除。

（4）肾脏检验

检查肾脏有无出血、淤血、囊肿、粘连等异常变化。

（5）胴体卫生检验：检查胴体体表、体腔壁有无污染，如有血污、毛及其他污物应冲洗干净，如有脓污、粪污、胆汁污染，应修割被污染的胴体表层。

（6）注水肉检验

检查牛肉是否颜色较浅，指压后是否容易复原，放置后有无浅红色血水流出，胃、肠等内脏器官有无肿胀。疑似注水肉的，送实验室检测确定。水分含量的检测按照GB18394规定的方法执行。

5. 复验

（1）对胴体全面检验，检查甲状腺、肾上腺及病变淋巴结有无漏摘或漏割。

（2）确认合格的，准予出厂。

（3）确认不合格的，加施无害化处理标识。

6. 宰后检验结果的处理

（1）应做无害化处理的包括：

① 头部、蹄部修割部分，检出的头部病变淋巴结；

② 病变及异常变化的内脏；

③ 胴体局部修割的病变部分、严重污染及异常部分；

④ 检出黄疸的整个牛胴体及产品；

⑤ 多器官或全身患有肿瘤的整个牛胴体及产品；

⑥ 检出多器官或全身化脓性疾病的整个牛胴体及产品；

⑦ 患有白血病的整个牛胴体及产品；

⑧ 胴体上检出的病变淋巴结；

⑨ 注水、注入违禁物质的牛胴体及产品；

⑩ 患有脓毒症、尿毒症、急性及慢性中毒、肌肉变质、高度水肿的牛胴体及其他产品；

⑪ 其他需要做无害处理的牛屠体、牛胴体及其他产品。

（2）应做非食用处理或者无害化处理的包括：

甲状腺、肾上腺。

（三）羊的宰后检验及处理

1. 基本要求

（1）宰后应实施同步检验，应对每只羊进行头蹄检验、内脏检验、胴体检验和复验。

（2）在宰后检验发现病变淋巴结和病变组织时，确诊为非疫病引起的，应摘除或修割。

2. 头蹄检验

（1）检查头、蹄有无病变。

（2）检查头部有无肿胀等异常变化，对异常变化部分进行修割。应对检出的病变淋巴结进行修割。摘除甲状腺，也可以在摘除内脏后摘除甲状腺。

（3）检查蹄部有无脓肿、腐烂、溃疡、脱壳等，发现后应做修割。

3. 内脏检验

（1）心脏检验

检查心包有无粘连、积液，心脏有无创伤性心包炎、心肌炎、出血、淤血、粘连、坏死等异常变化。

（2）肺脏检验

检查其色泽、大小是否正常，检查有无呛血、淤血、出血、水肿、气肿、纤维化、坏疽等异常变化。

（3）肝脏检验

检查其色泽、大小是否正常，并触检其弹性，检查肝脏有无淤血、变性、坏死、脓肿、纤维化、脂肪变性、寄生虫结节、肿瘤等异常变化。

（4）胃肠检验

检查胃肠浆膜有无创伤性胃炎、出血、淤血、水肿、粘连、坏死等异常变化。

（5）脾脏检验

检查脾脏弹性、颜色、大小等，检查有无出血、淤血、肿胀、坏死等异常变化。

（6）乳房、生殖器官检验

检查乳房、生殖器官和膀胱有无出血、肿大、炎症及肿瘤等异常情况。未经阉割，带有睾丸，做种用公羊，即种公羊，一般体型较大。阉割时间晚于适时月龄，或曾做种用、去势后育肥的羊，在阴囊等处有阉割痕迹的，即晚阉羊。

4．胴体检验

（1）整体检验

检查放血程度及色泽是否正常，检查有无充血、出血、淤血、局部化脓、皮肤发炎和寄生虫损害等异常变化，发现异常的应做局部修割。检查体腔浆膜有无淤血、坏死、粘连等异常变化，发现异常的，应做局部修割。

（2）胴体肌肉、脂肪检验

全面检验：检查肌肉组织和皮下脂肪有无淤血、水肿、变性等。发现淤血、水肿、变性等异常变化部分，应做局部修割。黄脂肉出厂前，不得采取调色、调味等方式处理。

白血病检验：检查全身淋巴结是否显著肿大、切面呈鱼肉样、质地脆弱、指压易碎，肝、脾、肾均见肿大，脾脏的滤泡肿胀，呈西米脾样，骨髓呈灰红色，视为白血病。

黄疸和黄脂检验：检查发现胴体仅皮下和体腔脂肪呈黄色，胴体放置24小时后黄色消退的为黄脂。对轻微的、无不良气味的且黄色消退的不受限制出厂。检查发现脂肪、皮肤、关节等处出现全身黄染，胴体放置24小时后黄色不消退的为黄疸。

（3）淋巴结检验

应对检出的病变淋巴结进行割除。

（4）肾脏检验

剥离两侧肾被膜，检查色泽、大小并触检其弹性、硬度是否正常，有无出血、淤血、肿大、坏死等异常变化。摘除肾上腺。

（5）胴体卫生检验

检查胴体体表、体腔有无污染，如有血污、毛及其他污物污染应冲洗胴体表层，如有粪污、脓污、胆汁污染应修割被污染的胴体表层。检查血脖子污染部分是否修割干净。

（6）注水肉检验

检查羊肉是否颜色较浅泛白，指压后不易复原，放置后有浅红色血水流出，胃、肠等内脏器官肿胀。疑似注水羊肉，送实验室检测确定。水分含量的检测按照GB18394规定的方法执行。

5．复验

（1）应进行全面复验，检查甲状腺、肾上腺及病变淋巴结有无漏摘。检查毛污、粪污、血污等是否处理干净。

（2）确认合格的，准予出厂。

（3）确认不合格的，加施无害化处理标识。

6．宰后检验结果的处理

（1）应做无害化处理的包括：

① 头部、蹄部修割部分，检出的头部病变淋巴结；

② 病变及异常变化的内脏；

③ 胴体局部修割的病变部分、严重污染及异常部分；

④ 患有白血病、黄疸的整只羊胴体及产品；

⑤ 胴体上检出的病变淋巴结；

⑥ 注水、注入违禁物质的整只羊胴体及产品；

⑦ 检验发现的急性及慢性中毒、过度瘠瘦及肌肉变质的整只羊胴体及产品；

⑧ 其他需要做无害处理的羊屠体、羊胴体及其他产品。

（2）应做非食用处理或者无害化处理的包括：

① 甲状腺、肾上腺；

② 严重的并带有不良气味的黄脂肉。

（四）鸡的宰后检验及处理

1．基本要求

（1）宰后应实施同步检验，应对每只鸡进行胴体检验、内脏检验、复验与结果处理。

（2）宰后检验发现不宜食用的部位，应摘除或修割。

2．胴体检验

（1）检查有无发育不良、过度消瘦、放血不全等状况。

（2）检查体表色泽、气味、光洁度及有无淤血、化脓、外伤、溃疡、坏死灶、肿物等。

（3）检查头部的喙与肉瘤、眼睑、鼻腔、口腔有无水肿、出血、淤血、溃疡及形态有无异常等。

（4）检查鸡爪有无淤血、增生、脓肿、溃疡等。

（5）检查体腔内部清洁程度、有无赘生物、凝血块、粪便、胆汁污染和其他异常等。

（6）检查胴体皮下、肌肉有无水肿、淤血、出血等。

3．内脏检验

检查脏器（肝脏、腺胃和肌胃、脾脏、肠道、心脏、法氏囊）有无肿大、淤血、出血、坏死灶、溃疡和其他异常等。

4．注水肉检验

疑似注水肉的，送实验室检测确定。水分含量的检测按照GB18394规定的方法执行。

5．复验

（1）对胴体全面检验，检查病变组织、异物是否修割干净。

（2）检出的品质异常肉，单独挑出，放入带有相应处理标识的容器内。

（3）确认合格的，准予出厂。

（4）确认不合格的，进行无害化处理。

6．宰后检验结果的处理

（1）皮肤或肌肉呈现明显的颜色异常、皮肤上有较多的结痂、伤肿或炎性病灶、胴体气味异常、体腔及气囊内腹水、多量血液、肿瘤、体腔及内脏过度粘连，怀疑为全身性疾病时，整只鸡应做无害化处理。

（2）局部结痂或炎症、局部淤血，对不宜食用的部位予以修割，修割下的部位应做无害化处理。

（3）发育不良、过度消瘦、放血不全的胴体等品质异常肉应做非食用处理。

（4）屠宰过程受到污染的胴体，应进行清洗、修割。

（五）鸭的宰后检验及处理

1．基本要求

（1）宰后应实施同步检验，应对每只鸭进行胴体检验、内脏检验和复验。

（2）在宰后检验发现病变组织时，确诊为非疫病引起的，应修割。

2．胴体检验

（1）检查有无发育不良、过度消瘦、放血不全等状况。

（2）检查胴体表面有无出血、淤血、溃疡、肿物等异常变化，发现异常的，应做局部修割。

（3）检查胴体体表、体腔壁有无污染，如有血污、羽毛及其他污物应冲洗胴体表层，如有粪污、脓污、胆汁污染，应修割被污染的胴体表层。

（4）检查体腔浆膜有无淤血、坏死、粘连等异常变化，发现异常的，应做局部修割。

（5）检查头部的喙、眼睑、鼻孔、口腔有无肿胀、出血、增生、分泌物及形态有无异常等。

（6）检查爪部的趾、蹼、关节有无出血、淤血、肿物及形态有无异常等。

3．内脏检验

（1）检查心脏有无出血、淤血、渗出物等异常变化

（2）检查肺脏有无出血、淤血等异常变化。

（3）检查肝脏有无出血、淤血、肿大、结节等异常变化。

（4）检查脾脏有无出血、肿大、结节等异常变化

（5）检查肾脏有无出血、肿大等异常变化。

（6）检查腺胃和肌胃有无出血、肿大等异常变化。

（7）检查肠道有无出血、水肿等异常变化。

4．复验

（1）对胴体全面检验，检查病变组织、污物等是否漏检或漏割。

（2）确认合格的，准予出厂。

（3）确认不合格的，进行无害化处理。

5．宰后检验结果的处理

（1）全身性异常变化的胴体、病变及异常变化的内脏、局部异常变化的胴体修割部分、污染胴体修割部分，应做无害化处理。

（2）发育不良、过度消瘦、放血不全的胴体等品质异常肉应做非食用处理或无害化处理。

（六）鹅的宰后检验及处理

1．基本要求

（1）宰后应实施同步检验，对鹅逐只进行胴体检验、内脏检验和复验。

（2）在宰后检验发现病变组织时，确诊为非疫病引起的，应修割。

2．胴体检验

（1）检查有无发育不良、过度瘠瘦的状况。

（2）观察脱羽后的胴体表面是否干净，有无羽毛附着，有无烫伤、烫老和机械损伤等质量状况。

（3）检查头部的喙与肉瘤、眼睑、鼻腔、口腔无出血、水肿、结痂、溃疡及形态有无异常等。

（4）检查胫、趾和蹼、关节、蹼底部有无出血、淤血、增生、肿大、肿物、结痂、溃疡等异常情况。

（5）检查胴体形状、颜色、气味是否正常，有无肿胀、内外伤、脓疱等。

（6）检查体腔内部清洁程度和完整度。检查体腔内壁有无凝血块、粪便和胆汁污染、肿胀、脓肿等。

3. 内脏检验

（1）检查心包和心外膜有无炎症变化等，心冠状沟、心外膜有无出血点、坏死灶、结节等。

（2）检查肺脏有无出血、淤血、硬变等。

（3）检查肝脏形状、大小、色泽及有无出血、坏死灶、结节、肿物等。

（4）检查肾脏有无肿大、出血、苍白、尿酸盐沉积、结节等。

（5）检查腺胃和肌胃浆膜面有无异常。必要时剖开腺胃，检查腺胃黏膜和乳头有无肿大、淤血、出血、坏死灶和溃疡等。必要时切开肌胃，剥离角质膜，检查肌层内表面有无出血、溃疡等。

（6）检查肠道浆膜有无异常。必要时剖开肠道，检查小肠黏膜有无淤血、出血、炎性分泌物和坏死灶等。

4. 复验

（1）对胴体全面检验，检查病变组织、异物等是否修整干净。

（2）确认合格的，准予出厂。

（3）颜色、气味等异常肉，单独挑出并放入带有相应处理标识的容器内。

（4）确认不合格的，放入带有无害化处理标识的专用容器内。

5. 宰后检验结果处理

（1）鹅产品落地以及屠宰过程中受到肠胃内容物、脓包等污染的，应进行清洗。

（2）胴体局部结痂或炎症、骨折、淤血以及胆汁污染的，应当进行修割，修割下的部分应做无害化处理。

（3）单个内脏存在出血、淤血、坏死灶、溃疡、结节等病变的，对单个内脏进行摘除后无害化处理；多个内脏同时存在较大范围的出血、淤血、坏死灶、溃疡、肿瘤等病变的，排除非传染病引起的，整只鹅应做无害化处理。

（4）胴体内皮肤或肌肉全部呈现明显的颜色异常、皮肤上较多结痂、脓肿或炎性病灶。胴体气味异常、体腔内积水、多个肿瘤、内脏过度粘连等异常，呈现全身性疾病的，整只鹅应做无害化处理。

（5）发育不良、过度瘠瘦的胴体，应做非食用处理。

（七）兔的宰后检验及处理

1．基本要求

（1）宰后应实施同步检验，应对每只兔进行头部检验、内脏检验、胴体检验、复验。

（2）在宰后检验发现病变组织时，确诊为非疫病引起的，应摘除或修割。

2．头部检验

剥皮后检查头部肌肉有无外伤及异物等，发现后应做局部修割。

3．内脏检验

（1）检查心脏和肺脏有无淤血、水肿或出血等异常变化。

（2）检查肝脏的硬度、大小和色泽，有无肿大、脓肿、坏死病灶等异常变化。

（3）检查肾脏和脾脏有无肿大、肿块，皮质有无充血、出血、结节或花斑肾等异常变化。

（4）检查胃肠有无充血、出血或肿胀等异常变化。

4．胴体检验

（1）整体检验

检查肌肉和脂肪有无淤血、出血、黄染及坏死等异常变化。检查胴体有无充血、营养不良、严重损伤等异常变化。

（2）体腔检验

检查胸腹腔内壁有无炎症等病变，有无淤血、出血等异常变化。

（3）胴体卫生检验

产品落地以及在屠宰过程中受到污染的，应进行清洗。

5. 复验

（1）对胴体全面检查，检查病变组织和异物是否修割干净。

（2）确认合格的，准予出厂。

（3）确认不合格的，按相关规定进行处理。

6. 宰后检验结果处理

（1）单个内脏存在病变等异常的，对单个内脏进行摘除后无害化处理；对多个内脏同时存在较大范围的病变等异常的，排除非传染病引起的，整只兔无害化处理。

（2）胴体局部结痂或炎症、出血、淤血以及胆汁污染的，应进行修割，修割部分应做无害化处理。

（3）发育不良、过度消瘦、放血不全的，应做非食用处理。

（八）驴的宰后检验及处理

1. 基本要求

（1）宰后应实施同步检验，应对每头驴进行头蹄检验、内脏检验、胴体检验、复验。

（2）在宰后检验发现病变淋巴结和病变组织时，确诊为非疫病引起的，应摘除或修割。

2. 头蹄检验

（1）检查头蹄有无病变。

（2）检查驴蹄有无腐蹄病、蹄裂病引起的蹄底腐烂、溃疡、脓肿等，发现后做修割处理。

3. 皮张检验

检查体表有无淤血和皮癣等。检查皮张有无充血、出血及严重的皮肤病，应做局部修割。

4．内脏检验

（1）心脏检验

检查心包和心脏是否有淤血、粘连、坏死病灶。

（2）肺脏检验

检查有无肺呛血、肺水肿、肺气肿、肺纤维化等异常变化。

（3）肝脏检验

检查肝脏有无白色坏死灶、肝萎缩、脂肪肝、寄生虫引起的白斑、肿瘤等异常变化。

（4）胃肠检验

检查胃肠浆膜有无水肿、粘连、坏死等异常变化。

（5）有害腺体摘除

在胴体检验前，甲状腺、肾上腺应摘除干净。

5．胴体检验

（1）整体检验

检查有无淤血、出血、局部化脓和寄生虫损害等异常变化，发现异常的，应做局部修割。

检查体腔浆膜有无淤血、坏死、粘连、脂肪坏死等异常变化，发现异常的，应做局部修割。

（2）体腔检验

检查体腔有无积液，浆膜有无淤血、坏死、粘连等异常变化，确诊为非疫病引起的应做局部修割。

（3）肌肉和脂肪检验

检查肌肉组织和皮下脂肪有无淤血、水肿、变性等。检查胸腹膜、盆腔等有无淤血以及痧块等异常。发现淤血、水肿、变性等部分，确诊为非疫病引起的应做局部修割。

（4）淋巴结检验

应对检出的病变淋巴结进行割除。

（5）肾脏检验

观察肾脏的色泽、大小并触检其弹性是否正常

（6）胴体卫生检验

检查胴体体表、体腔壁有无污染，如有血污、粪污、毛及其他污物应冲洗胴体表层，如有粪污、脓污，应修割被污染的胴体表层。

（7）注水肉的检验

检查驴肉是否颜色较浅，指压后是否容易复原，放置后有无浅红色血水流出，胃、肠等内脏器官有无肿胀。

6. 复验

（1）对胴体全面检验，检查甲状腺、肾上腺及病变淋巴结是否割除干净。

（2）确认合格的，准予出厂。

（3）确认不合格的，加施无害化处理标识。

7. 宰后检验结果的处理

（1）应做无害化处理的包括：

① 头部、蹄部修割部分，检出的头部病变淋巴结；

② 病变及异常变化的内脏；

③ 胴体局部修割的病变部分、严重污染及异常部分；

④ 胴体上检出的病变淋巴结；

⑤ 注水、注入违禁物质的驴胴体及产品。

⑥ 其他需要做无害处理的驴屠体、驴胴体及其他产品。

（2）应做非食用处理或者无害化处理的包括：

甲状腺、肾上腺。

第八章　畜禽屠宰操作程序及要求

一、生猪屠宰操作程序及要求

（一）宰前要求

1．待宰生猪应健康良好，并附有产地动物卫生监督机构出具的《动物检疫合格证明》。

2．待宰生猪临宰前应停食静养不少于12小时，宰前3小时停止喂水。

3．应对猪体表进行喷淋，洗净猪体表面的粪便、污物等。

4．屠宰前，应向所在地动物卫生监督机构申报检疫，按照《生猪屠宰检疫规程》和《生猪屠宰肉品品质检验规程》等进行检疫和检验，合格后方可屠宰。

5．送宰生猪通过屠宰通道时，按顺序赶送，不应野蛮驱赶。

（二）屠宰操作程序及要求

1．致昏

（1）致昏方式

应采用电致昏或二氧化碳（CO_2）致昏；

① 电致昏：采用人工电麻或自动电麻等致昏方式对生猪进行致昏。

② 二氧化碳（CO_2）致昏：将生猪赶入二氧化碳（CO_2）致昏设备

致昏。

（2）致昏要求

猪致昏后应心脏跳动，呈昏迷状态。不应致死或反复致昏。

2．刺杀放血

（1）致昏后应立即进行刺杀放血，从致昏至刺杀放血，不应超过30秒。

（2）将刀尖对准第一肋骨咽喉正中偏0.5～1厘米处向心脏方向刺入，再侧刀下拖切断颈部动脉和静脉，不应刺破心脏或割断食管、气管。刺杀放血刀口长度约5厘米，沥血时间不少于5分钟。刺杀时不应使猪呛膈、淤血。

（3）猪屠体应用温水喷淋或用清洗设备清洗，洗净血污、粪污及其他污物。可采用剥皮或者烫毛、脱毛工艺进行后序加工。

（4）从放血到摘取内脏，不应超过30分钟，从放血到预冷前不应超过45分钟。

3．剥皮

（1）剥皮方式

可采用人工剥皮或机械剥皮方式。

（2）人工剥皮

将猪屠体放在操作台（线）上，按顺序挑腹皮、预剥前腿皮、预剥后腿皮、预剥臀皮、剥整皮。剥皮时，不宜划破皮面，少带肥膘。操作程序如下：

① 挑腹皮：从颈部起刀刃向上沿腹部正中线挑开皮层至肛门处。

② 预剥前腿皮：挑开前腿腿裆皮，剥至脖头骨。

③ 预剥后腿皮：挑开后腿腿裆皮，剥至肛门两侧。

④ 预剥臀皮：先从后臀部皮层尖端处割开一小块皮，用手拉紧，顺序下刀，再将两侧臀部皮和尾根皮剥下。

⑤ 剥整皮：左右两侧分别剥。剥右侧时一手拉紧、拉平后档肚皮，按顺序剥下后腿皮、腹皮和前腿皮；剥左侧时，一手拉紧脖头皮，按顺序剥下脖颈皮，前腿皮、腹皮和后腿皮；用刀将脊背皮和脊膘分离，扯出整皮。

（3）机械剥皮

剥皮操作程序如下：

① 按剥皮机性能，预剥一面或两面，确定预剥面积；

② 按人工剥皮的要求挑腹皮、预剥前腿皮、预剥后腿皮、预剥臀皮；

③ 预剥腹皮后，将预剥开的大面积猪皮拉平、绷紧，放入剥皮设备卡口夹紧，启动剥皮设备；

④ 水冲淋与剥皮同步进行，按皮层厚度掌握进刀深度，不宜划破皮面，少带肥膘。

4．烫毛、脱毛

（1）采用蒸汽烫毛隧道或浸烫池方式烫毛。应按猪屠体的大小、品种和季节差异，调整烫毛温度、时间。烫毛操作如下。

① 蒸汽烫毛隧道：调整隧道内温度至59～62℃，烫毛时间为6～8分钟。

② 浸烫池：调整水温至58～63℃，烫毛时间为3～6分钟，应设有溢水口和补充净水的装置。浸烫池水根据卫生情况每天更换1～2次。浸烫过程中不应使猪屠体沉底、烫生、烫老。

（2）采用脱毛设备进行脱毛。脱毛后猪屠体宜无浮毛、无机械损伤和无脱皮现象。

5．吊挂提升

（1）抬起猪的两后腿，在猪后腿跗关节上方穿孔，不应割断胫、跗关节韧带，刀口长度宜5～6厘米。

（2）挂上后腿，将猪屠体提升输送至胴体加工线轨道。

6. 预干燥

采用预干燥设备或人工刷掉猪体上残留的猪毛和水分。

7. 燎毛

采用喷灯或燎毛设备燎毛，去除猪体表面残留猪毛。

8. 清洗抛光

采用人工或抛光设备去除猪体表残毛和毛灰并清洗。

9. 去尾、头、蹄

（1）工序要求

此工序也可以在剥皮前或开膛、净腔后进行。

（2）去尾

一手抓猪尾，一手持刀，贴尾根部关节割下，使割后猪体没有骨梢突出皮外，没有明显凹坑。

（3）去头

使用剪头设备或刀，从枕骨大孔将头骨与颈骨分开。

分离操作如下：

① 去三角头：从颈部寰骨处下刀，左右各划割至露出关节（颈寰关节）和咬肌，露出左右咬肌约3～4厘米，然后将颈肉在离下巴痣6～7厘米处割开，将猪头取下；

② 去平头：从两耳根后部（距耳根0.5～1厘米）连线处下刀将皮肉割开，然后用手下压，用刀紧贴枕骨将猪头割下。

（4）去蹄

前蹄从腕关节处下刀，后蹄从跗关节处下刀，割断连带组织，猪蹄断面宜整齐。

10. 雕圈

刀刺入肛门外围，雕成圆圈，掏开大肠头垂直放入骨盆内或用开肛设备对准猪的肛门，随即将探头深入肛门，启动开关，利用环形刀将直肠与猪体分离。肛门周围应少带肉，肠头脱离括约肌，不应割破直肠。

11．开膛、净腔

（1）挑胸、剖腹：自放血口沿胸部正中挑开胸骨，沿腹部正中线自上而下，刀把向内，刀尖向外剖腹，将生殖器拉出并割除，不应刺伤内脏。放血口、挑胸、剖腹口宜连成一线。

（2）拉直肠、割膀胱：一手抓住直肠，另一手持刀，将肠系膜及韧带割断，再将膀胱割除，不应刺破直肠。

（3）取肠、胃（肚）：一手抓住肠系膜及胃部大弯头处，另一手持刀在靠近肾脏处将系膜组织和肠、胃共同割离猪体，并割断韧带及食道，不应刺破肠、胃、胆囊。

（4）取心、肝、肺：一手抓住肝，另一手持刀，割开两边隔膜，取横膈膜肌角备检。一手顺势将肝下揿，另一只手持刀将连接胸腔和颈部的韧带割断，取出食管、气管、心、肝、肺，不应使其破损。摘除甲状腺。

（5）冲洗胸、腹腔：取出内脏后，应及时冲洗胸腔和腹腔，洗净腔内淤血、浮毛和污物等。

12．检验检疫

同步检验按《生猪屠宰肉品品质检验规程》的规定执行，同步检疫按照《生猪屠宰检疫规程》的规定执行。

13．劈半（锯半）

劈半时，应沿着脊柱正中线将胴体劈成两半，劈半后的片猪肉宜去板油、去肾脏，冲洗血污、浮毛等。

14．整修

按顺序整修腹部、放血刀口、下颌肉、暗伤、脓包、伤斑和可视病变淋巴结，摘除肾上腺和残留甲状腺，洗净体腔内的淤血、浮毛、锯末和污物等。

15. 计量与质量分级

用称量器具称量胴体的重量。根据需要，依据胴体重量、背膘厚度和瘦肉率等指标，对猪胴体进行分级。

16. 副产品整理

（1）整理要求

副产品整理过程中，不应落地加工。

（2）分离心、肝、肺

切除肝膈韧带和肺门结缔组织。摘除胆囊时，不应使其损伤、残留；猪心宜修净护心油和横膈膜；猪肺上宜保留2～3厘米肺管。

（3）分离脾、胃

将胃底端脂肪割除，切断与十二指肠连接处和肝、胃韧带。剥开网油，从网膜上割除脾脏，少带油脂。翻胃清洗时，一手抓住胃尖冲洗胃部污物，用刀在胃大弯处戳开5～8厘米小口，再用洗胃设备或长流水将胃翻转冲洗干净。

（4）扯小肠

将小肠从割离胃的断面拉出，一手抓住花油，另一手将小肠末梢挂于操作台边，自上而下排除粪污，操作时不应扯断、扯乱。扯出的小肠应及时清除肠内污物。

（5）扯大肠

摆正大肠，从结肠末端将花油（冠油）撕至离盲肠与小肠连接处2厘米左右割断、打结，不应使盲肠破损、残留油脂过多。翻洗大肠，一手抓住肠的一端，另一手自上而下挤出粪污，并将大肠翻出一小部分，用一手二指撑开肠口，向大肠内灌水，使肠水下坠，自动翻转，可采用专用设备进行翻洗。经清洗、整理的大肠不应带粪污。

（6）摘胰脏

从胰头摘起，用刀将膜与脂肪剥离，再将胰脏摘出，不应用水冲洗胰脏，以免水解。

17．预冷

将片猪肉送入冷却间进行预冷。可采用一段式预冷或二段式预冷工艺：

（1）一段式预冷

冷却间相对湿度75%～95%，温度0～4℃，片猪肉间隔不低于3厘米，时间16～24小时，至后腿中心温度冷却至7℃以下。

（2）二段式预冷

快速冷却：将片猪肉送入-15℃以下的快速冷却间进行冷却，时间1.5～2小时，然后进入0～4℃冷却间预冷。

预冷：冷却间相对湿度75%～95%，温度0～4℃，片猪肉间隔不低于3厘米，时间14～20小时，至后腿中心温度冷却至7℃以下。

18．冻结

冻结间温度为-28℃以下，待产品中心温度降至-15℃以下转入冷藏库贮存。

（三）包装、标签、标志和贮存

1．包装、标签、标志

产品包装、标签、标志应符合GB/T191、GB12694等相关标准的要求。

2．贮存

（1）经检验合格的包装产品应立即入成品库贮存，应设有温度、湿度监测装置和防鼠、防虫等设施，定期检查和记录。

（2）冷却片猪肉应在相对湿度85%～90%，温度0～4℃的冷却肉储存库（间）储存，并且片猪肉需吊挂，间隔不低于3厘米；冷冻片猪肉应在相对湿度90%～95%，温度为-18℃以下的冷藏库贮存，且冷藏库昼夜温度波动不应超过±1℃。

（四）其他要求

1．刺杀放血、去头、雕圈、开膛等工序用刀具使用后应经不低于82℃热水一头一消毒，刀具消毒后轮换使用。

2．经检验检疫不合格的肉品及副产品，应按GB12694的要求和《病死及病害动物无害化处理技术规范》的规定处理。

3．产品追溯与召回应符合GB12694的要求。

4．记录和文件应符合GB12694的要求。

二、牛屠宰操作程序及要求

（一）宰前要求

1．待宰牛应健康良好，并附有产地动物卫生监督机构出具的《动物检疫合格证明》。

2．牛进厂（场）后应充分休息12～24小时，宰前3小时停止喂水。待宰时间超过24小时的，宜适量喂食。

3．屠宰前应向所在地动物卫生监督机构申报检疫，按照《牛屠宰检疫规程》和《牛屠宰肉品品质检验规程》等进行检疫和检验，合格后方可屠宰。

4．屠宰前宜使用温水清洗牛体，牛体表面应无污物。

5．应按“先入栏先屠宰”的原则分栏送宰，送宰牛通过屠宰通道时，应进行编号，按顺序赶送，不应采用硬器击打。

（二）屠宰操作程序及要求

1．致昏

（1）致昏方法

应采用气动致昏或电致昏；

① 气动致昏：用气动致昏装置对准牛的两角与两眼对角线交叉点，快速启动，使牛昏迷。

② 电致昏：用单杆式电昏器击牛体，使牛昏迷。参数宜为200伏特，电流1～1.5安，作用时间7～30秒。

（2）致昏要求

应配置牛固定装置，保证致昏击中部位准确。牛致昏后应心脏跳动，呈昏迷状态。不应致死或反复致昏。

2. 宰杀放血

（1）可选择卧式或立式放血。从牛喉部下刀，横向切断食管、气管和血管。

（2）放血刀应经不低于82℃的热水一头一消毒，刀具消毒后轮换使用。

（3）沥血时间应不少于6分钟。

（4）从致昏到宰杀放血时间应不超过1.5分钟。

3. 挂牛

用扣脚链扣紧牛的一只后小腿.启动提升机匀速提升，然后悬挂到轨道上，

4. 电刺激

（1）在沥血过程中，宜对牛头或颈背部进行电刺激。

（2）电刺激时，应确保牛屠体与电刺激装置的电极有效连接，电刺激工作电压宜42伏特，作用时间不宜少于15秒。

5. 去前蹄

从腕关节下刀，割断连接关节的韧带及皮肉，割下前蹄，编号后放入指定容器中。

6. 结扎食管

（1）剥离气管和食管，宜将气管与食管分离至食道和胃结合处。

（2）将食管顶部结扎牢固，使内容物不致流出。

7．剥后腿皮

（1）从跗关节下刀，刀刃沿后腿内侧中线向上挑开牛皮。

（2）沿后腿内侧线向左右两侧剥离跗关节上方至尾根部的牛皮，同时割除生殖器。

（3）割掉尾尖，并放入指定容器中。

8．去后蹄

从跗关节下刀，割断连接关节的韧带及皮肉，割下后蹄，编号后放入指定容器中。

9．转挂

用提升装置辅助牛屠体转挂，先用一个滑轮吊钩钩住牛的一只后腿，将牛屠体送到轨道上，再用另一个滑轮吊钩钩住牛的另一只后腿送到轨道上。

10．结扎肛门

（1）人工结扎

将橡皮筋套在操作者手臂上，将塑料袋反套在同一手臂上。抓住肛门并提起，另一只手持刀将肛门沿四周割开并剥离，边割边提升，提高约10厘米，将塑料袋翻转套住肛门，用橡皮筋扎住塑料袋，将结扎好的肛门塞回。

（2）机械结扎

采用专用结扎器结扎肛门。

（3）结扎要求

结扎应准确、牢固，不应使粪便溢出。

11．剥胸、腹部皮

（1）用刀将腹部皮沿胸腹中线从胸部挑到裆部。

（2）沿腹中线向左右两侧剥开胸腹部皮至肷窝止。

12．剥颈部及前腿皮

（1）从腕关节下刀，沿前腿内侧中线挑开牛皮至胸中线。

（2）沿颈中线自下而上挑开牛皮。

（3）从胸颈中线向两侧进刀，剥开胸颈部皮及前腿皮至两肩止。

13．扯皮

（1）分别锁紧两后腿皮，使毛皮面朝外。启动扯皮设备，将牛皮卷扯分离胴体。

（2）扯到尾部时，减慢速度，用刀将牛尾的根部剥开。

（3）在扯皮过程中，边扯边用刀具辅助分离皮与脂肪、皮与肉的粘连处。

（4）扯到腰部时，适当提高速度。

（5）扯到头部时，把不易扯开的地方用刀剥开。

（6）分离后皮上不带脂肪、不带肉，皮张不破损。

（7）对扯下的牛皮编号，并放到指定地方。

14．去头

去头工序也可以在扯皮前进行，操作如下：

（1）将牛头从颈椎第一关节前割下，将喉头附近的甲状腺摘除，放入专用收集容器中。

（2）应将取下的牛头，挂到同步检验挂钩上或专用检验盘中。

（3）采用剪头设备去头时，应设置82℃热水消毒装置，一头一消毒。

15．开胸

从胸软骨处下刀，沿胸中线向下贴着气管和食管边缘，割开胸腔及脖部。用开胸锯开胸时，下锯应准确，不破坏胸腔内脏器。

16．取白脏

（1）在牛的裆部下刀向两侧进刀，割开肉与骨连接处。

（2）刀尖向外，刀刃向下，由上至下推刀割开肚皮至胸软骨处。

（3）用一只手扯出直肠，另一只手持刀伸入腹腔，从一侧到另一侧割离腹腔内结缔组织。

（4）用力按下牛胃，取出胃肠送入同步检验盘中，然后扒净腰油。

（5）母牛应在取白脏前摘除乳房。

17. 取红脏

（1）一只手抓住腹肌一边，另一只手持刀沿体腔壁从一侧割到另一侧分离隔肌。取出心、肺、肝等挂到同步检验挂钩上或专用检验盘中。

（2）冲洗胸腹腔。

18. 检验检疫

同步检验按照《牛屠宰肉品品质检验规程》要求执行，同步检疫按照《牛屠宰检疫规程》要求执行。

19. 去尾

沿尾根关节处割下牛尾，摘除公牛生殖器.编号后放入指定容器中。

20. 劈半

（1）将劈半锯插入牛的两后腿之间，从耻骨连接处自上面下匀速地沿着牛的脊柱中线将牛胴体锯（劈）成胴体二分体。

（2）锯（劈）过程中应不断喷淋清水。不宜劈斜、劈偏，锯（劈）断面应整齐，避免损坏牛胴体。

21. 胴体修整

（1）取出脊髓、内腔残留脂肪放入指定容器中。

（2）修去胴体表面的淤血、残留甲状腺、肾上腺、病变淋巴结、污物和浮毛等，应保持肌膜和胴体的完整。

22．计量与质量分级

用称量器具称量胴体的重量。根据需要按照NY/T676进行分级。

23．清洗

由上而下冲洗整个牛胴体内外、锯（劈）断面和刀口处。

24．副产品整理

（1）副产品整理过程中，不应落地加工。

（2）去除污物、清洗干净。

（3）红脏与白脏、头、蹄等应严格分开，避免交叉污染。

25．预冷

（1）按顺序推入牛胴体，胴体应排列整齐，间距应不少于10厘米。

（2）入预冷间后，胴体预冷间设定温度0～4℃，相对湿度保持在85%～90%。预冷时间应不少于24小时。

（3）入预冷间后，副产品预冷间设定温度3℃以下。

（4）预冷后，胴体中心温度达到7℃以下，副产品温度达到3℃以下。

26．分割

分割加工按GB/T17238、GB/T27643等要求进行。

27．冻结

冻结间温度为-28℃以下。待产品中心温度降至-15℃以下转入冷藏间储存。

（三）包装、标签、标志和贮存

1．产品包装、标签、标志应符合GB/T191，GB12694等相关标准要求，

2．贮存环境与设施、库温和贮存时间应符合GB12694．GB/T17238等相关标准要求。

（四）其他要求

1. 屠宰供应少数民族食用的牛产品，应尊重少数民族风俗习惯，按照国家有关规定执行。

2. 经检验检疫不合格的肉品及副产品，应按GB12694的要求和《病死及病害动物无害化处理技术规范》的规定执行。

3. 产品追溯与召回应符合GB12694的要求。

4. 记录和文件应符合GB12694的要求。

三、羊屠宰操作程序及要求

（一）宰前要求

1. 待宰羊应健康良好，并附有产地动物卫生监督机构出具的动物检疫合格证明。

2. 宰前应停食静养12～24小时，并充分给水，宰前3小时停止饮水。待宰时间超过24小时的，宜适量喂食。

3. 屠宰前应向所在地动物卫生监督机构申报检疫，按照《羊屠宰检疫规程》和《羊屠宰肉品品质检验规程》实施检疫和检验，合格后方可屠宰。

4. 宜按“先入栏先屠宰”的原则分栏送宰，按户进行编号。送宰羊通过屠宰通道时，按顺序赶送，不得采用硬器击打。

（二）屠宰操作程序和要求

1. 致昏

（1）宰杀前应对羊致昏，宜采用电致昏的方法。羊致昏后，应心脏跳动，呈昏迷状态。不应致死或反复致昏。

（2）采用电致昏时，应根据羊品种和规格适当调整电压、电流和致昏时间等参数，保持良好的电接触。

（3）致昏设备的控制参数应适时监控，并保存相关记录、

2. 吊挂

将羊的后蹄挂在轨道链钩上，匀速提升至宰杀轨道。

3. 宰杀放血

（1）宜从羊喉部下刀，横向切断三管（食管、气管和血管）。

（2）宰杀放血刀每次使用后，应使用不低于82℃的热水消毒。

（3）沥血时间不应少5分钟。沥血后，可采用剥皮或者烫毛、脱毛工艺进行后序操作。

4. 剥皮

（1）预剥皮

挑裆、剥后腿皮：环切跗关节皮肤，使后啼皮利产以皮厂下分离，沿后腿内侧横向划开皮肤肤将后腿皮剥离开，同时将裆部生殖器皮剥离。

划腹胸线：从裆部沿腹部中线将皮划开至剑状软骨处，初步剥离腹部皮肤，然后握住羊胸部中间位置皮毛，用刀沿胸部正中线划至羊脖下方。

剥腹胸部：将腹部、胸部两侧皮剥离，剥至肩胛位置。

剥前腿皮：沿羊前腿趾关节中线处将皮挑开，从左右两侧将前腿外侧皮剥至肩胛骨位置，刀不应伤及屠体。

剥羊脖：沿羊脖喉部中线将皮向两侧剥离开。

剥尾部皮：将羊尾内侧皮沿中线划开，从左右两侧剥离羊尾皮。

捶皮：手工或使用机械方式用力快速捶击肩部或臀部的皮与屠体之间部位，使皮与屠体分离。

（2）扯皮

采用人工或机械方式扯皮。扯下的皮张应完整、无破裂、不带膘肉。屠体不带碎皮，肌膜完整。扯皮方法如下：

① 人工扯皮：从背部将羊皮扯掉，扯下的羊皮送至皮张存储间。

② 机械扯皮：预剥皮后的羊胴体输送到扯皮设备，由扯皮机匀速拽下羊皮，扯下的羊皮送至皮张存储间。

5. 烫毛、脱毛

（1）烫毛

沥血后的羊屠体宜用65～70℃的热水浸烫1.5～2.5分钟。

（2）脱毛

烫毛后，应立即送入脱毛设备脱毛，不应损伤屠体。脱毛后，迅速冷却至常温，去除屠体上的残毛。

6. 去头、蹄

（1）去头

固定羊头，从寰椎处将羊头割下，挂（放）在指定的地方。剥皮羊的去头工序在捶皮后进行。

（2）去蹄

从腕关节切下前蹄，从跗关节处切下后蹄，挂（放）在指定的地方。

7. 取内脏

（1）结扎食管

划开食管和颈部肌肉相连部位，将食管和气管分开。把胸腔前口的气管剥离后，手工或使用结扎器结扎食管，避免食管内容物污染屠体。

（2）切肛

刀刺入肛门外围，沿肛门四周与其周围组织割开并剥离，分开直肠头垂直放入骨盆内；或用开肛设备对准羊的肛门，将探头深入肛门，启动开关，利用环形刀将直肠与羊体分离。肛门周围应少带肉，肠头脱离括约肌，不应割破直肠。

（3）开腔

从肷部下刀，沿腹中线划开腹壁膜至剑状软骨处。下刀时，不应损伤脏器。

（4）取白脏

采用以下人工或机械方式取白脏：

① 人工方式：用一只手扯出直肠，另一只手伸入腹腔，按压胃部同时抓住食管将白脏取出，放在指定位置。保持脏器完好。

② 机械方式：使用吸附设备把白脏从羊的腹腔取出。

（5）取红脏

采用以下人工或机械方式取红脏：

① 人工方式：持刀紧贴胸腔内壁切开膈肌，拉出气管，取出心、肺、肝，放在指定的位置。保持脏器完好。

② 机械方式：使用吸附设备把红脏从羊的胸腔取出。

8．检验检疫

同步检验按照《羊屠宰肉品品质检验规程》的规定执行，同步检疫按照《羊屠宰检疫规程》的规定执行。

9．胴体修整

修去胴体表面的淤血、残留腺体、皮角、浮毛等污物。

10．计量

逐只称量胴体并记录。

11．清洁

用水洗、燎烫等方式清除胴体内外的浮毛、血迹等污物。

12．副产品整理

（1）副产品整理过程中不应落地。

（2）去除副产品表面污物，清洗干净。

（3）红脏与白脏、头、蹄等加工时应严格分开。

（三）冷却

1．根据工艺需要对羊胴体或副产品冷却。冷却时，按屠宰顺序将羊胴体送入冷却间，胴体应排列整齐，胴体间距不少于3厘米。

2．羊胴体冷却间设定温度0～4℃，相对湿度保持在85%～90%，冷却时间不应少于12小时。冷却后的胴体中心温度应保持在7℃以下。

3．副产品冷却后，产品中心温度应保持在3℃以下。

4．冷却后检查胴体深层温度，符合要求的方可进入下一步操作。

（四）分割

分割加工按NY/T1564的要求进行。

（五）冻结

冻结间温度为-28℃以下。待产品中心温度降至-15℃以下时转入冷藏间储存。

（六）包装、标签、标志和储存

1．产品包装、标签、标志应符合GB/T191、GB/T5737、GB12694和农业农村部第70号令等的相关要求。

2．分割肉宜采用低温冷藏。储存环境与设施、库温和储存时间应符合GB/T9961、GB12694等相关标准要求。

（七）其他要求

1．屠宰供应少数民族食用的羊产品，应尊重少数民族风俗习惯，按照国家有关规定执行。

2．经检验检疫不合格的肉品及副产品，应按GB12694的要求和农医发〔2017〕25号的规定执行。

3．产品追溯与召回应符合GB12694的要求。

4．记录和文件应符合GB12694的要求。

四、鸡屠宰操作程序及要求

（一）宰前要求

1．待宰鸡应健康良好，并附有产地动物卫生监督机构出具的《动物检疫合格证明》。

2．鸡宰前应停饲静养，禁食时间应控制在6～12小时，保证饮水。

（二）屠宰操作程序及要求

1．挂鸡

（1）轻抓轻挂，将符合要求的鸡，双爪吊挂在适宜的挂钩上。

（2）死鸡不应上挂，应放于专用容器中。

（3）从上挂后到致昏前宜增加使鸡安静的装置。

2．致昏

（1）应采用气体致昏或电致昏的方法，使鸡在宰杀、沥血直到死亡处于无意识状态。

（2）采用水浴电致昏时应根据鸡品种和规格适当调整水面的高度和电参数，保持良好的电接触。

（3）采用气体致昏时，应合理设计气体种类、浓度和致昏时间。

（4）致昏设备的控制参数应适时监控并保存相关记录。

（5）致昏区域的光照强度应弱化，保持鸡的安静。

3．宰杀、沥血

（1）鸡致昏后，应立即宰杀，割断颈动脉和颈静脉，保证有效沥血。

（2）沥血时间为3～5分钟。

（3）不应有活鸡进入烫毛设备。

4．烫毛、脱毛

（1）烫毛、脱毛设备应与生产能力相适应，根据季节和鸡品种的不同，调整工艺和设备参数。

（2）浸烫水温宜为58～62℃，浸烫时间宜为1～2分钟。

（3）浸烫时水量应充足，并持续补水。

（4）脱毛后，应将屠体冲洗干净。

（5）脱毛后，不应残留余毛、浮皮和黄皮。

5．去头、去爪

（1）需要去头、去爪时，可采用手工或机械的方法去除。

（2）去爪时，应避免损伤跗关节的骨节。

6．去嗉囊、去内脏

（1）去嗉囊：切开嗉囊处的表皮，将嗉囊拉出并去除；采用自动设备时，宜拉出嗉囊待掏膛时去除。

（2）切肛：采用人工或机械方法，用刀具从肛门周围伸入，刀口长约3厘米，切下肛门，不应切断肠管。

（3）开膛：采用人工或机械方法。用刀具从肛门切孔处切开腹皮3～5厘米，不应超过胸骨，不应划破内脏。

（4）掏膛：采用人工或机械方法，从开膛口处伸入腹腔，将心、肝、肠、胗、食管等拉出，避免脏器或肠道破损污染胴体。

（5）清洗消毒：工具应定时清洗消毒，与胴体接触的机械装置应每次进行冲洗。

7．冲洗

鸡胴体内外应冲洗干净。

8．检验检疫

同步检验按照《鸡屠宰肉品品质检验规程》要求执行，同步检疫按照《家禽屠宰检疫规程》要求执行。

9．副产品整理

（1）副产品应去除污物，清洗干净。

（2）副产品整理过程中，不应落地加工。

10．冷却

（1）冷却方法

采用水冷或风冷方式对鸡胴体和可食副产品进行冷却。

水冷却应符合如下要求：

① 预冷设施设备的冷却进水应控制在4℃以下。

② 终冷却水温度控制在0℃～2℃。

③ 鸡胴体在冷却槽中逆水流方向移动，并补充足量的冷却水。

风冷却应合理调整冷却间的温度、风速以达到预期的冷却效果。

（2）冷却要求

冷却后的鸡胴体中心温度应达到4℃以下，内脏产品中心温度应达到3℃以下。

副产品的冷却应采用专用的冷却设施设备，并与其他加工区分开，以防交叉污染。

11．修整、分割加工

修整、分割加工按GB/T24864要求执行。

12．冻结

将需要冻结的产品转入冻结间，冻结间的温度应为-28℃以下。冻结时间不宜超过12小时，冻结后产品的中心温度应不高于-15℃，冻结后转入冷藏库贮存。

（三）包装、标签、标志和贮存

1．产品包装、标签、标志应符合GB/T191、GB12694等相关标准的要求。

2．贮存环境与设施、库温和贮存时间应符合GB12694的要求。

（四）其他要求

1．屠宰过程中落地或被粪便、胆汁污染的肉品及副产品应另行处理。

2．经检验检疫不合格的肉品及副产品，应按GB12694的要求和《病死及病害动物无害化处理技术规范》的规定执行。

3．产品追溯与召回应符合GB12694的要求。

4．记录和文件应符合GB12694的要求。

五、鸭屠宰操作程序及要求

（一）宰前要求

1．待宰鸭应健康良好，并附有产地动物卫生监督机构出具的动物检疫合格证明。

2．宰前检查应符合《鸭屠宰肉品品质检验规程》和《家禽屠宰检疫规程》的要求。

3．鸭宰前应停饲静养，禁食时间应控制在6～12小时。

（二）屠宰操作程序及要求

1．挂鸭

（1）应轻抓轻挂，将符合要求鸭的双掌吊挂在挂钩上，不应出现单腿悬挂的情况，不应提拉、拖拽鸭的头、翅膀或羽毛等。

（2）死鸭不应上挂，应放于专用容器中。

（3）从上挂后到宰杀前宜设置使鸭安静的设施。

（4）悬挂输送线运行速度应与加工能力相匹配。

2．致昏

（1）需要致昏时，应采用水浴电致昏或气体致昏方式，使鸭从宰杀、沥血直到死亡处于无意识状。

（2）采用水浴式电致昏方式时，应设置适宜的电压、电流和频率参数。

（3）采用气体致昏时，应设置适宜的气体种类、浓度和致昏时间。

（4）应检查鸭致昏后的状况，应有效致昏，不应致死。

3．宰杀、沥血

（1）致昏后应立即宰杀，致昏至宰杀时间宜少于10秒。

（2）宜采用口腔刺杀或割断颈动脉、颈静脉方式放血。

（3）沥血应充分，时间不应少于3分钟。

4．烫毛、脱毛

（1）应避免活鸭进入烫毛设备

（2）烫毛、脱毛设备应与生产能力相适应，根据季节和鸭的品种调整工艺和设备参数。

（3）浸烫水温宜为58～62℃，浸烫时间不宜少于3分钟。

（4）浸烫时水量应充足，并持续补水。

（5）脱毛后应将屠体冲洗上净。

5．浸蜡、脱蜡

（1）按照浸蜡、冷蜡、脱蜡工序进行操作，去除鸭屠体上的小毛。所用石蜡的质量符合GB1886.26的要求，使用时应符GB2760及国家相关规定。

（2）浸蜡设备应与生产能力相适应，根据蜡的不同，调整工艺和设备参数。应根据生产情况调整浸蜡池的液位、温度。浸蜡时，蜡液不应浸入宰杀刀口。

（3）浸蜡后，及时将鸭屠体置人冷蜡池冷却，应将冷蜡池内水温和冷却时间控制在适宜范围，并根据冷却效果适度补水、换水。

（4）可采取人工或机械方式将鸭屠体上的蜡剥掉，脱蜡后鸭屠体不应残留蜡的碎片。

（5）根据工艺要求，可进行多次浸蜡，冷蜡、脱蜡操作脱毛。必要时，人工修净鸭屠体上的小毛。

6．去掌、去鸭舌

（1）可采用人工或机械的方式去除鸭掌。去掌时，应避免损伤跗关节的骨节。

（2）可采用人工方式去除鸭舌，取出的鸭舌应保持完整。

7．去内脏

（1）开膛

采用人工或机械方式，用刀具从腹线或腋下处开口3～7厘米，不应划破内脏。

（2）掏膛

采用人工或机械方式，从开口处伸入体腔，将心、肝、肠、肫、食管等拉出。

8．冲洗

鸭胴体内外应冲洗干净。

9．检验检疫

检验应按照《鸭屠宰肉品品质检验规程》的规定执行，检疫应按照《家禽屠宰检疫规程》的规定执行。

10．副产品整理

（1）副产品应去除污物、清洗干净。

（2）副产品整理过程中，不应落地加工。

（3）血、肠应与其他脏器副产品分开处理。

11．冷却

（1）冷却方法

采用水冷或风冷方式进行冷却。

水冷却应符合如下要求：

① 预冷设施设备的冷却进水温度应控制在4℃以下。

② 终冷却水温度宜控制在0℃–2℃。

③ 鸭胴体在冷却槽中逆水流方向移动，并补充足量的冷却水。

④ 鸭胴体出冷却槽后应将水沥干。

风冷却应符合如下要求：

① 应根据实际冷却效果适当调整冷却间温度和冷却时间。

②鸭胴体采用多层吊挂时，应避免上层水滴滴落到下一层胴体。

（2）冷却要求

冷却后的鸭胴体中心温度应达到4℃以下，内脏产品中心温度应达到3℃以下。

副产品的冷却应采用专用的冷却设施设备，并与其他加工区分开，防止交叉污染。

12．修整与分割

（1）修割整齐，冲洗干净，胴体无可见出血点。

（2）分割加工过程应符合GB/T20575的要求。

13．冻结

将需要冻结的产品转入冻结间，冻结间的温度应为-28℃以下，冻结时间不宜超过12小时，冻结后产品的中心温度应不高于-15℃，冻结后转入冷藏库储存。

（三）包装、标签、标志和储存

1．产品包装、标签、标志应符合GB/T191、GB12694等相关标准的要求。

2．储存环境、设施和库温应符合GB12694、GB/T20575的要求。

（四）其他要求

1．屠宰过程中宰杀、掏膛等工具及与胴体接触的机械应按相关规定进行清洗、消毒。

2．屠宰过程中落地或被消化道内容物、胆汁污染的肉品及副产品应另行处理。

3．经检验检疫不合格的肉品及副产品，应按GB12694的要求和农医发〔2017〕25号的规定处理。

4．产品追溯与召回应符合GB12694的要求。

5．记录和文件应符合GB12694的要求。

六、鹅屠宰操作程序及要求

（一）宰前要求

1．待宰鹅应健康良好，并附有产地动物卫生监督机构出具的动物检疫合格证明。

2．宰前检查应符合《鹅屠宰肉品品质检验规程》和《家禽屠宰检疫规程》的要求。

3．鹅宰前禁食时间应控制在6～12小时。静养时间宜不少于2小时，保证饮水。

（二）屠宰操作程序及要求

1．挂鹅

（1）将符合要求鹅的双掌吊挂在挂钩上。

（2）死鹅不应上挂，应放于专用密封容器中。

（3）从上挂后到宰杀前宜设置使鹅安静的设施。

2．致昏

（1）应采用水浴电致昏或气体致昏方式，使鹅从宰杀、沥血直到死亡处于无意识状。

（2）水浴电致昏时，应根据鹅品种和体型适当调整水面高度，保持良好的电接触。

（3）气体致昏时，应合理设计气体种类、浓度和致昏时间。

（4）致昏设备的控制参数应适时监控。

（5）致昏区域的光照强度应弱化，保持鹅的安静。

3．宰杀、沥血

（1）致昏后应立即宰杀，致昏至宰杀时间宜少于15秒。

（2）在颈部咽喉处横切割断颈动脉、颈静脉或采用同步割断食管、气管方式放血。

（3）沥血应充分，时间不应少于5分钟。

4. 烫毛、脱毛

（1）应避免活鹅进入烫毛设备。

（2）烫毛、脱毛设备应与生产能力相适应，根据季节和鹅品种的不同，调整工艺和设备参数。

（3）烫毛水温宜为60～65℃，时间宜为6～7分钟。浸烫时水量应充足，应设有温度和时间指示装置。

（4）烫毛后采用人工或机械方式脱毛，脱毛后应将鹅屠体冲洗干。

5. 浸蜡、脱蜡

（1）按照浸蜡、冷蜡、脱蜡工序进行操作，除去鹅屠体上的小毛。所用石蜡的质量符合GB1886.26的要求，使用时应符GB2760及国家相关规定。

（2）浸蜡设备应与生产能力相适应，根据蜡的不同，调整工艺和设备参数。应根据生产情况调整浸蜡池的液位、温度。浸蜡时，蜡液不应浸入宰杀刀口。

（3）浸蜡后及时将鹅屠体置人冷蜡池冷却，应将冷蜡池内水温和冷却时间控制在适宜范围，并根据冷却效果适度补水、换水。

（4）可采取人工或机械方式脱蜡，脱蜡后鹅屠体不应残留蜡的碎片。

（5）根据工艺要求，可进行多次浸蜡，冷蜡、脱蜡操作。必要时，人工修净鹅屠体上的小毛。

6. 去头、去舌、去掌

（1）需要时，可采用人工或机械方式去头、去舌、去掌。

（2）宜从颈部咽喉横切处割断去头，从口腔捏住鹅舌中间部位下拉去舌，使舌保持完整，从跗关节去掌，应避免损伤跗关节的骨节。

7. 去内脏

（1）开膛

采用人工或机械方式，用刀具沿腹线或腋下处开口5～9厘米，不应划破内脏。热取肥肝时，用刀具沿腹线处开口13～20厘米。冷取肥肝时，待风冷后再用刀具沿腹线处开口13～20厘米。

（2）掏膛

采用人工或机械方式，从开口处伸入体腔，将心、肝、肠、肫、食管等拉出，避免脏器或肠破损污染胴体。肥肝鹅取出的肥肝应与其他内脏分开。

8. 冲洗

鹅胴体内外应冲洗干净。

9. 检验检疫

检验按照《鹅屠宰肉品品质检验规程》规定执行，检疫按照《家禽屠宰检疫规程》的规定执行。

10. 副产品整理

（1）副产品应去除污物、清洗干净。

（2）副产品整理过程中，不应落地加工。

（3）副产品应分可食副产品和不可食副产品。

（4）血、肠应与其他脏器副产品分开处理。

11. 冷却

（1）冷却方法

采用水冷或风冷方式对鹅胴体和可食副产品进行冷却。未开膛的肥肝鹅体宜采用风冷方式。

水冷却应符合如下要求：

① 冷却进水温度应控制在4℃以下，终温应控制在0～2℃。应补充足量的冷却水，及时更换并保持清洁。

② 鹅胴体在冷却槽中应逆水流方向移动，出冷却槽后应将水沥干。

③ 采用螺旋预冷设备冷却时，鹅胴体水冷却间附近宜设快速制冰、储冰设施。

风冷却应符合如下要求：

① 冷却间风温宜为-2～2℃，应合理调整风速和相对湿度，以达到冷却要求；

② 鹅胴体采用多层吊挂时，应避免上层水滴滴落到下一层胴体。

（2）冷却要求

冷却后的鹅胴体或未开膛的肥肝鹅体中心温度应达到4℃以下，内脏产品中心温度应达到3℃以下。

副产品的冷却应采用专用的冷却设施设备，并与其他加工区分开，防止交叉污染。

12．修整

（1）摘取胸腺、甲状腺、甲状旁腺及残留气管。

（2）修割整齐，冲洗干净；胴体无可见出血点，无溃疡，无排泄物残留；骨折鹅胴体应另作分割或他用。

13．分级

对鹅胴体、可食副产品或鹅肥肝等按照重量和质量进行分级。

14．分割

可分割为鹅胸肉、鹅小胸肉、鹅腿肉、鹅小腿肉、鹅脖、鹅翅等。

15．冻结

将需要冻结的产品转入冻结间，冻结间的温度应为-28℃以下，冻结时间不宜超过12小时，冻结后产品的中心温度应不高于-15℃，冻结后转入冷藏库储存。

（三）包装、标签、标志和储存

1. 产品包装、标签、标志应符合GB/T191、GB12694等相关标准的要求。

2. 储存环境、设施和库温应符合GB12694的要求。

（四）其他要求

1. 屠宰过程中宰杀、掏膛等工具及与胴体接触的机械应按相关规定进行清洗、消毒。

2. 冷取肥肝时，应在冷却间实施相关检验检疫。

3. 屠宰过程中落地或被胃肠内容物、胆汁污染的肉品及副产品应另行处理。

4. 经检验检疫不合格的肉品及副产品，应按GB12694的要求和农医发〔2017〕25号的规定处理。

5. 产品追溯与召回应符合GB12694的要求。

6. 记录和文件应符合GB12694的要求。

七、驴屠宰操作程序及要求

（一）宰前要求

1. 驴入厂（场）时应附有动物检疫合格证明，待宰驴健康状况良好

2. 宰前应停食静养12～24小时，并充分给水，宰前3小时停止饮水。

3. 送宰驴通过屠宰通道时，应按顺序赶送，不应暴力驱赶。

4. 宰前应充分进行淋浴，清除体表污物，保持屠宰时清洁卫生。

（二）屠宰操作程序及要求

1. 致昏

（1）可采用气动致昏或电致昏。方法如下：

① 气动致昏：用气动致昏装置对准驴双眼与两耳对角线的交叉点，快速启动，使驴昏迷。

② 电致昏：应根据驴品种和体型适当调整电压、电流和致昏时间等参数，保持良好的电接触。

（2）致昏后应心脏跳动，呈昏迷状态，不应致死或反复致昏。

2. 吊挂

（1）致昏后立即进行吊挂。用扣脚链扣紧驴的一只后小腿跗关节上部，匀速起吊，挂入输送轨道链钩上，操作时间应尽可能短。

（2）从致昏吊挂到宰杀放血时间应不超过1.5分钟。

3. 宰杀放血

（1）宜从喉部下刀横切，割断气管、食管和颈动脉。

（2）宰杀放血刀具每次使用后，应使用不低于82℃的热水消毒，刀具消毒后轮换使用。

（3）沥血应完全，时间不应少于5分钟。沥血后，可采用剥皮或烫毛、脱毛工艺进行后序操作。

4. 剥皮（去皮驴肉）

（1）预剥皮

剥前腿皮：从腕关节下刀，沿前腿内侧中线挑开皮缝至胸中线。沿剥开的皮缝向左右两侧全部剥离前腿皮。

剥后腿皮：从跗关节下刀，沿后腿内侧中线挑开驴皮至腹股沟尾根部，沿后腿挑开的皮缝向左右两侧全部剥离后腿皮。

剥胸、腹部皮：从腹股沟与肛门交汇处下刀，沿腹中线、胸中线挑开驴皮至放血刀口，沿挑开皮缝向左右两侧剥离胸部、腹部驴皮至两肩、肷窝止。

剥头皮：从放血口处下刀，剥离头部皮，保持与颈部皮的连接。

（2）扯皮

可采用人工或机械方式扯皮。方法如下：

① 人工扯皮：从背部将驴皮扯掉。

② 机械扯皮：固定驴的两只前腿，用机械剥皮机夹皮装置锁紧驴双后腿皮，启动扯皮设备，由上到下扯皮、卷撕。扯皮的过程中用刀将不易分离的皮肉连接处划开。

扯下的皮张应完整、无破裂、不带膘肉。体表不带碎皮，肌膜完整。

5．烫毛、脱毛（带皮驴肉）

（1）烫毛

应根据驴屠体的大小、品种和季节差异，调整浸烫温度、时间。可采用70～75℃的热水浸烫5～10分钟。烫毛过程中应防止驴屠体沉底、生烫、过烫。

（2）脱毛

采用机械脱毛或人工刮毛，脱毛后体表宜无浮毛、无机械损伤、无脱皮。

6．去头、去蹄

（1）去头

沿放血刀口处从枕寰关节与头部连接处割下驴头。

（2）去蹄

从腕关节处切下前蹄，从跗关节处切下后蹄。

7．去生殖器

公驴从裆部割下睾丸及生殖器，睾丸与生殖器不应分离。母驴在取内脏操作时割除子宫。

8．肛门结扎

沿肛门周围用刀将直肠与肛门连接部剥离开，提起直肠再将直肠打结或用橡皮箍套住直肠头，结扎好后将直肠头放入体内。

9．剖腹、开胸

从肛门下部沿腹正中线自上而下割开腹部，至胸软骨处，沿胸中线向下切开胸腔。

10．取内脏

（1）取肠、胃：一手抓住直肠向外拉伸，另一手持刀伸入腹腔，割离肠系膜及连接组织，轻轻拉扯肠、胃，使其与腹腔分离并取出。

（2）取心、肝、肺：持刀沿屠体内腔壁割开膈肌，拉出气管，取出心、肝、肺。

（3）取肾脏：割开腰油，取出肾脏。

11．检验检疫

取下的头、蹄、内脏等应放于指定位置，连同胴体一起按照《马属动物屠宰检疫规程》和《驴屠宰肉品品质检验规程》的有关规定进行检验检疫。

12．劈半

用劈半设备从上到下沿驴胴体脊柱正中线劈成左右两片二分体。

13．胴体修整

（1）将附于胴体表面的碎屑除去，修整颈部和腹部的游离缘，割除伤痕、脓疡、斑点、淤血及残留的膈肌、游离的脂肪。

（2）用清水将劈半的二分体断面，胸、腹腔内、外侧血污、浮毛、碎骨渣等冲洗干净。

（3）修割下来的肉块和淋巴结等废弃物应放于指定容器内。

14．副产品整理

（1）整理心、肝、肺：分离心、肝、肺，洗净残血等污物。

（2）分离胃、脾：去净表面脂肪，切断胃与十二指肠连接处和肝胃韧带。剥开网油，从网膜上割除脾脏。

（3）清洗胃：割开5～10厘米的切口，清理内容物，翻转、清洗干净。

（4）清洗大肠：将肠体上的脂肪修除，从回盲部将大肠与小肠割断。自上而下挤出粪污，并向大肠内灌水，使肠下坠翻转大肠，清洗干净。

（5）清洗小肠：将肠体上的脂肪修除，一手抓住小肠与胃的断面处，另一手自上而下挤出肠内污物。

（6）皮张整理：刮去驴皮血污及皮肌、脂肪。将驴皮平铺在池、槽内，在驴皮内层撒适量食用盐储存，可层层叠加，后用密封材料包裹扎严，保持水分湿度。

（7）副产品整理过程中不应落地。

（三）冷却

1. 将预冷间温度调至0～4℃，相对湿度保持在85%～90%，驴二分体间距不少于10厘米。

2. 预冷时间12～24小时，后腿肌肉最厚处中心温度降至7℃以下。

（四）分割

可分割为里脊、外脊、颈部肉、胸腹部肉、肋部肉、后腿部肉、前腿部肉、腱子肉等。

（五）冻结

冻结间温度应控制在-28℃以下，二分体、四分体及分割驴肉中心温度应在48小时内降至-15℃以下，冻结后转入-18℃以下冻藏库储存。

（六）包装、标签、标志和储存

1. 产品包装、标签、标志应符合GB/T191、GB/T6388和GB12694等相关标准要求。

2. 储存环境、设施和库温等应符合GB12694、GB14881等相关标准要求。

（七）其他要求

1．经检验检疫不合格的肉品及副产品，应按GB12694的要求和农医发〔2017〕25号的规定执行。

2．产品追溯与召回应符合GB 12694的要求。

3．记录和文件应符合GB 12694的要求。

4．应对活体驴来源、经营者等信息及屠宰环节各类信息建立电子化记录。

八、兔屠宰操作程序及要求

（一）宰前要求

1．待宰兔应健康良好，并附有产地动物卫生监督机构出具的动物检疫合格证明。

2．兔宰前应停食静养，并充分给水。待宰时间超过12小时的，宜适量喂食。

3．屠宰前应向所在地动物卫生监督机构申报，按照《兔屠宰检疫规程》和《兔屠宰肉品品质检验规程》等进行宰前检查，合格后方可屠宰。

（二）屠宰操作程序和要求

1．致昏

（1）宰杀前应对兔致昏，宜采用电致昏的方法，使兔在宰杀、沥血直到死亡时处于无意识状态，对睫毛反射刺激不敏感。

（2）采用电致昏时，应根据兔的品种和规格大小适当调整电压或电流参数、致昏时间，保持良好的电接触。

（3）致昏设备的控制参数应适时监控并保存相关记录，应有备用的致昏设备。

2．宰杀放血

（1）兔致昏后应立即宰杀。将兔右后肢挂到链钩上，沿兔耳根部下颌骨割断颈动脉。

（2）放血刀每次使用后应冲洗，经不低于82℃的热水消毒后轮换使用。

（3）沥血时间应不少于4分钟。

3．去头

固定兔头，持刀沿兔寰椎（耳根部第一颈椎）处将兔头割下。

4．剥皮

（1）挑裆

用刀尖从兔左后肢跗关节处挑划后肢内侧皮，继续沿裆部划至右后肢跗关节处。

（2）去左后爪

从兔左后肢跗关节上方处剪断或割断左后爪，

（3）挑腿皮

用刀尖从兔右后肢跗关节处挑断腿皮，将右后腿皮剥至尾根部。

（4）割尾

从兔尾根部内侧将尾骨切开，保持兔尾外侧的皮连接在兔皮上。

（5）割腹肌膜

用刀尖将兔皮与腹部之间的肌膜分离，不得划破腹腔。

（6）去前爪

从前肢腕关节处剪断或割断左、右前爪。

（7）扯皮

握住兔后肢皮两侧边缘，拉至上肢腋下处，采用机械或人工扯下兔皮。

5．去内脏

（1）开膛

割开耻骨联合部位，沿腹部正中线划至剑状软骨处，不得划破内脏。

（2）掏膛

固定脊背，掏出内脏，保持内脏连接在兔屠体上。

（3）净膛

将心、肝、肺、胃、肾、肠、膀胱、输尿管等内脏摘除。

6. 检验检疫

同步检验按照《兔屠宰肉品品质检验规程》的要求执行，检疫按照《兔屠宰检疫规程》的要求执行。

7. 修整

（1）修去生殖器及周围的腺体、淤血、污物等。

（2）从兔右后肢跗关节处剪断或割断右后爪。

（3）对后腿部残余皮毛进行清理。

8. 挂胴体

将需要冷却的兔胴体悬挂在预冷链条的挂钩上。

9. 喷淋冲洗

对胴体进行喷淋冲洗，清除胴体上残余的毛、血和污物等。

10. 胴体检查

检查有无粪便、胆汁、兔毛及其他异物等污染。应将污染的胴体摘离生产线，轻微污染的，对污染部位进行修整、剔除。严重污染的，收集后做无害化处理。

11. 副产品整理

（1）副产品在整理过程中不应落地。

（2）副产品应去除污物，清洗干净。

（3）内脏、兔头等加工时应分区。

12．冷却

（1）冷却设定温度为0～4℃，冷却时间不少于45分钟。

（2）冷却后的胴体中心温度应保持在7℃以下。

（3）冷却后副产品中心温度应保持在3℃以下。

（4）冷却后检查胴体深层温度，符合要求的方可进入下一步操作。

13．分割

（1）根据生产需要，可将兔胴体按照部位分割成以下产品形式：

① 兔前腿：从兔前肢腋下部切割下的前肢部分。

② 兔后腿：沿髋骨上端垂直脊柱整体割下，再沿脊柱中线切割到耻骨联合中线，分成左右两半的后肢部分。

③ 去骨兔肉：沿肋骨外缘剔下肋骨和脊柱骨上的肌肉。

④ 兔排：去除前、后腿和躯干肌肉的骨骼部分。

（2）分割车间的温度应控制在12℃以下。

14．冻结

冻结间的温度为-28℃以下，待产品中心温度降至-15℃以下转入冷藏间储存。

（三）包装、标签、标志和储存

1．产品包装、标签、标志应符合GB/T191、GB12694等相关标准要求。

2．储存环境与设施、库温和储存时间应符合GB12694等相关标准要求。

（四）其他要求

1．屠宰过程中落地或被粪便、胆汁污染的肉品及副产品应另行处理。

2．经检验检疫不合格的胴体、肉品及副产品，应按GB12694的要求和农医发〔2017〕25号的规定处理。

3．产品追溯与召回应符合GB12694的要求。

4．记录和文件应符合GB12694的要求。

第九章　畜禽屠宰场所的卫生要求

一、选址及厂区环境

（一）一般要求

1．厂区不应选择对食品有显著污染的区域。如某地对食品安全和食品宜食用性存在明显的不利影响，且无法通过采取措施加以改善，应避免在该地址建厂。

2．厂区不应选择有害废弃物以及粉尘、有害气体、放射性物质和其他扩散性污染源不能有效清除的地址。

3．厂区不宜择易发生洪涝灾害的地区，难以避开时应设计必要的防范措施。

4．厂区周围不宜有虫害大量滋生的潜在场所，难以避开时应设计必要的防范措施。

（二）选址

1．场址应远离水源保护区和饮用水取水口，距离学校、居民区、医院的距离应超过300米。

2．厂址周围应有良好的环境卫生条件。厂区应远离受污染的水体，并应避开产生有害气体、烟雾、粉尘等污染源的工业企业或其他产生污染源的地区或场所。

3．厂址必须具备符合《生活饮用水卫生标准》（GB5749）规定的水源和符合要求的电源，应结合工艺要求因地制宜地确定，并应符合屠宰企业设置规划的要求。

（三）厂区环境

1. 厂区周围应当建有围墙等隔离设施，厂区主要道路应硬化（如混凝土或沥青路面等），路面平整、易冲洗，不积水。

2. 厂区应设有废弃物、垃圾暂存或处理设施，废弃物应及时清除或处理，避免对厂区环境造成污染。厂区内不应堆放废弃设备和其他杂物。

3. 废弃物存放和处理排放应符合国家环保要求。

4. 厂区内禁止饲养与屠宰加工无关的动物。

二、厂房和车间

（一）设计和布局

1. 厂区应划分为生产区和非生产区，二者之间设有隔离设施。活畜禽、废弃物运送与成品出厂不得共用与一个大门，场内不得共用一个通道。

2. 生产区各车间的布局与设施应满足生产工艺流程和卫生要求。车间清洁区与非清洁区应分隔。

3. 屠宰车间、分割车间的建筑面积与建筑设施应与生产规模相适应。车间内各加工区应按生产工艺流程划分明确，人流、物流互不干扰，并符合工艺、卫生及检疫检验要求。

4. 屠宰企业应设有待宰圈（区）、隔离间、屠宰间、急宰间、检验室、官方兽医室、化学品存放间和无害化处理间。屠宰企业的厂区应设有畜禽和产品运输车辆和工具清洗、消毒的专门区域。

5. 对于没有设立无害化处理间的屠宰企业，应委托具有资质的专业无害化处理场实施无害化处理。

6. 应分别设立专门的可食用和非食用副产品加工处理间。食用副产品加工车间的面积应与屠宰加工能力相适应，设施设备应符合卫生要求，工艺布局应做到不同加工处理区分隔，避免交叉污染。

（二）建筑内部结构与材料

1. 内部结构

建筑内部结构应易于维护、清洁或消毒。应采用适当的耐用材料建造。

2. 顶棚

（1）顶棚应使用无毒、无味、与生产需求相适应、易于观察清洁状况的材料建造；若直接在屋顶内层喷涂涂料作为顶棚，应使用无毒、无味、防霉、不易脱落、易于清洁的涂料。

（2）顶棚应易于清洁、消毒，在结构上不利于冷凝水垂直滴下，防止虫害和霉菌滋生。

（3）蒸汽、水、电等配件管路应避免设置于暴露食品的上方；如确需设置，应有能防止灰尘散落及水滴掉落的装置或措施。

3. 墙壁

（1）墙面、隔断应使用无毒、无味的防渗透材料建造，在操作高度范围内的墙面应光滑、不易积累污垢且易于清洁；若使用涂料，应无毒、无味、防霉、不易脱落、易于清洁。

（2）墙壁、隔断和地面交界处应结构合理、易于清洁，能有效避免污垢积存。例如设置漫弯形交界面等。

4. 门窗

（1）门窗应闭合严密。门的表面应平滑、防吸附、不渗透，并易于清洁、消毒。应使用不透水、坚固、不变形的材料制成。

（2）清洁作业区和准清洁作业区与其他区域之间的门应能及时关闭。

（3）窗户玻璃应使用不易碎材料。若使用普通玻璃，应采取必要的措施防止玻璃破碎后对原料、包装材料及食品造成污染。

（4）窗户如设置窗台，其结构应能避免灰尘积存且易于清洁。可开启的窗户应装有易于清洁的防虫害窗纱。

5．地面

（1）地面应使用无毒、无味、不渗透、耐腐蚀的材料建造。地面的结构应有利于排污和清洗的需要。

（2）地面应平坦防滑、无裂缝、并易于清洁、消毒，并有适当的措施防止积水。

（三）车间温度控制

1．应按照产品工艺要求将车间温度控制在规定范围内。预冷设施温度控制在0～4℃；分割车间温度控制在12℃以下；冻结间温度控制在-28℃以下；冷藏储存库温度控制在-18℃以下。

2．有温度要求的工序或场所应安装温度显示装置，并对温度进行监控，必要时配备湿度计。温度计和湿度计应定期校准。

三、设施与设备

（一）供水要求

1．屠宰与分割车间生产用水应符合《生活饮用水卫生标准》（GB5749）的要求，企业应对用水质量进行控制。

2．屠宰与分割车间根据生产工艺流程的需要，应在用水位置分别设置冷、热水管。清洗用热水温度不宜低于40℃，消毒用热水温度不应低于82℃。

3．急宰间及无害化处理间应设有冷、热水管。

4．加工用水的管道应有防虹吸或防回流装置，供水管网上的出水口不应直接插入污水液面。

（二）排水要求

1. 屠宰与分割车间地面不应积水，车间内排水流向应从清洁区流向非清洁区。

2. 应在明沟排水口处设置不易腐蚀材质格栅，并有防鼠、防臭的设施。

3. 生产废水应集中处理，排放应符合国家有关规定。

（三）清洁消毒设施

1. 更衣室、洗手和卫生间清洁消毒设施

（1）应在车间入口处、卫生间及车间内适当的地点设置与生产能力相适应的，配有适宜温度的洗手设施及消毒、干手设施。洗手设施应采用非手动式开关，排水应直接接入下水管道。

（2）应设有与生产能力相适应并与车间相接的更衣室、卫生间、淋浴间，其设施和布局不应对产品造成潜在的污染风险。

（3）不同清洁程度要求的区域应设有单独的更衣室，个人衣物与工作服应分开存放。

（4）淋浴间、卫生间的结构、设施与内部材质应易于保持清洁消毒。卫生间内应设置排气通风设施和防蝇防虫设施，保持清洁卫生。卫生间不得与屠宰加工、包装或贮存等区域直接连通。卫生间的门应能自动关闭，门、窗不应直接开向车间。

2. 厂区、车间清洗消毒设施

（1）厂区运输畜禽车辆出入口处应设置与门同宽，长4米、深0.3米以上的消毒池；生产车间入口及车间内必要处，应设置换鞋（穿戴鞋套）设施或工作鞋靴消毒设施，其规格尺寸应能满足消毒需要。

（2）隔离间、无害化处理车间的门口应设车轮、鞋靴消毒设施。

（四）设备和器具

1. 应配备与生产能力相适应的生产设备，并按工艺流程有序排列，避免引起交叉污染。

2. 接触肉类的设备、器具和容器，应使用无毒、无味、不吸水、耐腐蚀、不易变形、不易脱落、可反复清洗与消毒的材料制作，在正常生产条件下不会与肉类、清洁剂和消毒剂发生反应，并应保持完好无损。不应使用竹木工（器）具和容器。

3. 加工设备的安装位置应便于维护和清洗消毒，防止加工过程中交叉污染。

4. 废弃物容器应选用金属或其他不渗水的材料制作。盛装废弃物的容器与盛装肉类的容器不得混用。不同用途的容器应有明显的标志或颜色差异。

5. 在畜禽屠宰、检验过程使用的某些器具、设备，如宰杀，去角设备、检验刀具、开胸和开片刀锯、检疫检验盛放内脏的托盘等，每次使用后，应使用82℃以上的热水进行清洗消毒。

6. 根据生产需要，应对车间设施、设备及时进行清洗消毒。生产过程中，应对器具、操作台和接触食品的加工表面定期进行清洗消毒，清洗消毒时应采取适当措施防止对产品造成污染。

（五）通风设施

1. 车间内应有良好的通风、排气装置，及时排除污染的空气和水蒸气。空气流动的方向应从清洁区流向非清洁区。

2. 通风口应装有纱网或其他保护性的耐腐蚀材料制作的网罩，防止虫害侵入。纱网或网罩应便于装卸、清洗、维修或更换。

（六）照明设施

1. 车间内应有适宜的自然光线或人工照明。照明灯具的光泽不应改变加工物的本色，亮度应能满足检疫检验人员和生产操作人员的工作需要。

2. 在暴露肉类的上方安装的灯具，应使用安全型照明设施或采取防护设施，以防灯具破碎而污染肉类。

（七）仓储设施

1．储存库的温度应符合被储存产品的特定要求。

2．储存库内应保持清洁、整齐、通风。有防霉、防鼠、防虫设施。

3．应对冷藏储存库的温度进行监控，必要时配备湿度计；温度计和湿度计应定期校准。

（八）废弃物存放与无害化处理设施

1．应在远离车间的适当地点设置废弃物临时存放设施，其设施应采用便于清洗、消毒的材料制作。结构应严密，能防止虫害进入，并能避免废弃物污染厂区和道路或感染操作人员。车间内存放废弃物的设施和容器应有清晰、明显标识。

2．无害化处理的设备配置应符合国家相关法律法规、标准和规程的要求，满足无害化处理的需要。

四、检疫检验

（一）基本要求

1．企业应具有与生产能力相适应的检验部门。应具备检验所需要的检测方法和相关标准资料，并建立完整的内部管理制度，以确保检验结果的准确性。检验要有原始记录。实验（化验）室应配备满足检验需要的设施设备。委托社会检验机构承担检测工作的，该检验机构应具有相应的资质。委托检测应满足企业日常检验工作的需要。

2．产品加工、检验和维护食品安全控制体系运行所需要的计量仪器、设施设备应按规定进行计量检定，使用前应进行校准。

（二）宰前检查

1．供宰畜禽应附有动物检疫证明，并佩戴符合要求的畜禽标识。

2．供宰畜禽应按国家相关法律法规、标准和规程进行宰前检查。应按照有关程序，对入场畜禽进行临床健康检查，观察活畜禽的外表，如畜禽的行为、体态、身体状况、体表、排泄物及气味等。对有异常情况的畜禽应隔离观察，测量体温，并做进一步检查。必要时，按照要求抽样进行实验室检测。

3．对判定为不适宜正常屠宰的畜禽，应按照有关规定处理。

4．畜禽临宰前应停食静养。

5．应将宰前检查的信息及时反馈给饲养场和宰后检查人员，并做好宰前检查记录。

（三）宰后检查

1．宰后对畜禽头部、蹄（爪）、胴体和内脏（体腔）的检查应按照国家相关法律法规、标准和规程执行。

2．在畜类屠宰车间的适当位置应设有专门的可疑病害胴体的留置轨道，用于对可疑病害胴体的进一步检验和判断。应设立独立低温空间或区域，用于暂存可疑病害胴体或组织。

3．车间内应留有足够的空间以便于实施宰后检查。

4．猪的屠宰间应设有旋毛虫检验室，并备有检验设施。

5．按照国家规定需进行实验室检测的，应进行实验室抽样检测。

6．应利用宰前和宰后检查信息，综合判定检疫检验结果。

7．判定废弃的应做明晰标记并处理，防止与其他肉类混淆，造成交叉污染。

8．为确保能充分完成宰后检查或其他紧急情况，官方兽医有权减慢或停止屠宰加工。

（四）无害化处理

1．经检疫检验发现的患有传染性疾病、寄生虫病、中毒性疾病或有害物质残留的畜禽及其组织，应使用专门的封闭不漏水的容器并用专用车辆及时运送，并在官方兽医监督下进行无害化处理。对于患有可疑疫病的应按照有关检疫检验规程操作，确认后应进行无害化处理。

2．其他经判定需无害化处理的畜禽及其组织，应在官方兽医的监督下进行无害化处理。

3．企业应制定相应的防护措施，防止无害化处理过程中造成的人员危害，以及产品交叉污染和环境污染。

五、屠宰和加工的卫生控制

（一）企业应执行政府主管部门制定的残留物质监控、非法添加物和病原微生物监控规定，并在此基础上制定本企业的所有肉类的残留物质监控计划、非法添加物和病原微生物监控计划。

（二）应在适当位置设置检查岗位，检查胴体及产品卫生情况。

（三）应采取适当措施，避免可疑病害畜禽胴体、组织、体液（如胆汁、尿液、奶汁等）、肠胃内容物污染其他肉类、设备和场地。已经污染的设备和场地应进行清洗和消毒后，方可重新屠宰加工正常畜禽。

（四）被脓液、渗出物、病理组织、体液、胃肠内容物等污染物污染的胴体或产品，应按有关规定修整、剔除或废弃。

（五）加工过程中使用的器具（如盛放产品的容器、清洗用的水管等）不应落地或与不清洁的表面接触，避免对产品造成交叉污染；当产品落地时，应采取适当措施消除污染。

（六）按照工艺要求，屠宰后胴体和食用副产品需要进行预冷的，应立即预冷。冷却后，畜肉的中心温度应保持在7℃以下，禽肉中心温度应保持在4℃以下，内脏产品中心温度应保持在3℃以下。加工、分割、去骨等操作应尽可能迅速。生产冷冻产品时，应在48小时内使肉的中心温度达到-15℃以下方可进入冷藏储存库。

（七）屠宰间面积充足，应保证操作符合要求。不应在同一屠宰间，同时屠宰不同种类的畜禽。

（八）对有毒有害物品的贮存和使用应严格管理，确保厂区、车间和化验室使用的洗涤剂、消毒剂、杀虫剂、燃油、润滑油、化学试剂以及其他在加工过程中必须使用的有毒有害物品得到有效控制，避免对肉类造成污染。

参考文献

[1] 佘锐萍. 动物产品卫生检验 [M]. 北京：中国农业大学出版社，2000.

[2] 甘孟侯，杨汉春. 中国猪病学 [M]. 北京：中国农业出版社，2005.

[3] 孔繁瑶. 家畜寄生虫学（第三版）[M]. 北京：中国农业出版社，1998.

[4] 崔言顺. 动物检疫学 [M]. 北京：中国农业科技出版社，1995.

[5] 蔡宝祥. 家畜传染病学（第三版）[M]. 北京：中国农业出版社，2001.

[6] 张彦明，佘锐萍. 动物性食品卫生学 [M]. 北京：中国农业出版社，2002.

[7] 王雪敏. 动物性食品卫生检验 [M]. 北京：中国农业出版社，2002.

[8] 许伟琦. 畜禽检疫检验手册 [M]. 上海：上海科学技术出版社，2000.